時尚品牌
行銷概論
Fashion Brand Marketing

傅茹璋 編著

周　序

　　我們正處於一個快速變動的社會，隨著工業4.0時代來臨，人工智慧進入生活當中，追求更新、更快的科技應用成為常態。然而於此同時，卻也有些事物緩慢而優雅，隨著時間累積而更顯其價值，那就是時尚品味。人工智慧帶給我們更便利的生活，時尚品味則帶給我們更美好的生活。

　　醒吾科大很早就掌握這樣的趨勢，除了成立包括時尚造形設計系在內的設計學院之外，也積極在課程等方面加以因應調整；2018年本校獲得教育部高教深耕計畫3.29億元的補助，計畫中就將「融匯智慧時尚，培育特色人才」作為發展特色，希望培育出兼具感性、理性思維，並具備時尚、科技知能的特色人才。

　　本校時尚造形設計系傅教授的這一本大作《時尚品牌行銷概論》，正好呼應這樣的發展方向，更是一本適合讀者瞭解時尚產業領域的入門好書。不論什麼年代，時尚品牌都代表著經典、風格、流行等元素的組合，成為社會追求的文化與創意焦點。觀察時尚品牌的風格特色、經營管理模式，以及行銷策略等，就能夠掌握整個時尚產業發展的脈動。

　　本書共分五個章節，從時尚產業概念、時尚品牌概念再到時尚品牌行銷，雖說是「概論」性質，但涵蓋範圍極廣，有助於讀者在短時間內快速瞭解時尚產業的全貌。難能可貴的是，在有限的篇幅當中，傅教授還特別加入「臺灣時尚產業概述」的章節，透過整理與分析，提出臺灣發展時尚產業，甚至打造具世界競爭力的時尚品牌所應該努力的方向，非常值得關心此一主題的讀者們仔細閱讀。

　　此外，「時尚潮流一百年」則以十年為分界，逐一說明1900年迄今不同年代的流行時尚。透過文字與圖片，介紹許多當代知名的設計

師，以及作品的風格與特色。不但幫助讀者瞭解時尚潮流的變化，在讀者們採購時尚品牌時，相信更能瞭解品牌背後的設計理念及價值。不但知道什麼是時尚潮流，更知道為什麼成為時尚潮流。

值得一提的是，距離上一次應邀為傅教授的大作《主題婚禮規劃》一書寫序，至今已兩年；其間一直殷殷期盼茹璋教授會再有佳作出版，終於等到這一本《時尚品牌行銷概論》問世。本書內容詳盡、資料豐富，個人也從閱讀當中得到了許多知識與樂趣，故特此推薦同好共享。

醒吾科技大學校長

周燦德 謹識

張　序

散播時尚與美的大使

　　與醒吾科技大學時尚造形設計系主任傅茹璋博士的認識，緣於她常帶學生參與商會舉辦的活動、幫學生找資源。熱心公共事務的她不僅才華出眾而且深具內涵，她在文化大學法文系畢業後，先赴法國、再赴美國深造都市計畫的碩士，回台後任教於文化大學市政暨環境規劃學系，並繼續進修完成文大環境設計學院建築暨都市計畫研究所博士學位。

　　之後為醒吾科技大學設計學院時尚造形設計系創系主任，並從事教職於系上授課，她也熱心貢獻心力，擔任台北市都市環境研究學會理事長、台北市開放空間文教基金會董事、中國市政學會常務理事、台灣美術協會理事、貓頭鷹藝術協會理事等，並曾擔任日本形象畫派台北支部部長，以及中國福建省德化陶瓷職業技術學院客座教授。

　　傅茹璋博士對於時尚品牌行銷鑽研甚深，無論文化創意產業、中大型計畫規劃設計與執行等，多有著墨，著有：《鶯歌謙記商行史蹟調查與利用研究》、《理想城邦——都市環境設計的觀念和技術實務整合》、《「開發許可制」讓商圈除舊換新——英國伯明罕伯林商圈，明日看我——國外商圈案例輯》、《主題婚禮規劃》、《婚禮風格規劃概論》等書，此次大作《時尚品牌行銷概論》的出版也是令人期待。

　　傅茹璋博士對於產業貢獻良多，積極培育有志於服裝、平面、髮妝、模特、秀導等時尚領域的學子不遺餘力，而在教學、研究工作之外，她同時也是一位藝術家，還曾經舉辦過多次油畫個展並且持續

創作，她以印象派繪畫風格導入，透過形象派繪畫概念的創作理念，作品令人驚艷，也足見其繪畫功力！平沼在此預祝傅茹璋博士新書暢銷、再創佳績！

臺灣商業聯合總會理事長

張平沼 謹識

陳　序

時尚，凝結「美」的進行式！

　　法國思想巨擘Michel Foucault曾說：「現代性有別於時尚
（(Fashion)，後者只是追隨時光的流逝。可是，現代性卻是一種態
度，它使人得以把握現時中「英雄」的東西。現代性並不是一種對短
暫現在（Fleeting Present）的敏感，而是一種使現在「英雄化」的意願
（Will）。」換言之，具備現代性的時尚，將可以淬鍊出美的精華，
進而凝結每一個美麗進行式，讓懂得「品美」的人收藏、使用。

　　因此，「不朽的時尚」是一種思想，一種時代英雄般的思考。而
能敏感地嗅出氛圍流轉，並把這樣具備當代性與實踐力的深刻思維提
煉，以深入淺出的方式帶領大家一塊「品美」的人，實不多見。直到
讀完了傅茹璋的《時尚品牌行銷概論》，我真心讚歎——她做到了！
傅茹璋在引領全球時尚的法國生活、取經，到世界科技龍頭的美國讀
書求學，國際性的視野讓她得以將法國美麗哲學的底蘊與美國科學發
達、擅於研發、實作與系統化的精神融合，開展出了她首創的「時尚
方程式」！

　　同樣支持女性力量「Lean In」的我，感謝這位美麗且氣質優雅、
始終貫徹終身學習的傅茹璋，出版這本兼具實務與學理深度的美好經
典。我相信這本書將讓個人能從生活中省思美的本質與價值，從庸脂
俗粉中一躍而出，成為具備掌握美麗能量的智者；讓企業能從時尚產
業鏈梳理品牌、行銷、銷售的精義與竅門，從眾多行家中脫穎而出，
成為時尚教主，霸占美麗山頭；讓孜孜不息、追尋「真、善、美」的

各領域學者專家能從更加巨觀的全人類歷史文化脈絡視角，汲取強大的能量，為未來挖掘出更多美好的企盼！

泛太平洋暨東南亞婦女協會中華民國分會理事長

陳淑珠　謹識

高　序

過去與未來仍持續著

　　「Fashion」時尚一詞本是西方專有，當然每個時代，各國文化都會有其流行時尚元素可以研究探討，但西方將Fashion產業化，創造極大經濟產值；本書整理了代表性時尚品牌的源起、產業概述、行銷策略，涵蓋了二十世紀時尚潮流百年不可錯過的大事，彷彿乘坐時光機回到那些時尚的美好年代。關於時尚百年部分，每十年給一個主題，讀者可以對照古今，例如作者給1980年代的標題為「權力服飾年代、反骨與浪漫並存的耀眼年代」，對照剛好今年秋冬，在巴黎Louis Vuitton Foundation展出的Jean-Michel Basquiat（尚‧米榭‧巴斯奇亞），1980年代表現主義藝術家，就是這個主題最好的寫照。巴斯奇亞的作品不只在拍賣市場創造天價，最重要的是至今仍深深影響引領時尚流行的當代藝術家，他「看似貧窮但卻昂貴」的概念，就是1980年代時尚風格的縮影，深遠影響著時尚界，即便至今代表年輕嘻哈龐克搖滾文化LVxSupreme的靈感就是來自他作品的概念。

　　對於想入門時尚產業的新人來說，本書無疑是建構時尚背景知識概念很好的引領著作，詳盡且有趣，從大量史料圖片中，幫讀者標示時尚的「重點」，過去與未來仍持續著。

華文時尚傳媒ShineMedia（www.isshine.com）執行長

高憶雯 謹識

自 序

「時尚產業」是創意產業中的指標性產業，是一門源自於創意或文化累積，透過智慧財產的形成與應用，以創造財富與就業機會，進而促進整體生活環境提升的產業。廣義的「時尚產業」包括食、衣、住、行、育、樂等之生活產業，可以是傳統產業的轉型，可以是未曾出現過的新興產業。本書參考經濟部定義之狹隘的「時尚產業」，主要以服裝、鞋類、飾品與配件等為研析範疇。

「時尚產業」是結合研究開發、設計、製作、企劃、服務與行銷等專業，屬於跨域整合的生活產業；可提供學生畢業後多元的就業機會，並符合時尚潮流的發展趨勢。經濟部預期臺灣在民國109年將達成紡織產業總產值7,000億新台幣的時尚產業領頭羊發展優勢，為掌握時尚產業朝跨域整合發展之人才需求，需培育更具設計美感、科技應用與品牌管理及行銷策略之專業人才，發揮其專業力、創造力、行銷力與整合力。近十年來臺灣大專技職院校紛紛設立時尚造形相關科系，並開設時尚產業發展相關課程，其中「時尚品牌行銷」課程之專書較缺乏，或目前品牌經營管理與產品行銷等專書內容，對於時尚造形設計相關科系同學顯得過於理論或艱深的現象；筆者乃應出版社邀約，將多年教授該課程之資料彙整與再研析，系統性地編撰本書，提供非企管或行銷管理科系同學，能以淺而易懂之品牌故事與時尚潮流發展趨勢切入，對應世界知名品牌建立後之行銷策略推動方式，以及如何創造其產品風格、品牌形象與品牌價值為本書重點；並結合市場行銷基礎理論，以提升讀者時尚品牌行銷觀念。

本書提供培育時尚產業相關專業人才之系列叢書，以說故事方式歸納世界知名品牌在二十世紀一百年之發展與設計風格，期間設計師透過創新設計與變革行動，反映時代背景、社會思維及生活態度，

展現多采多姿的時尚潮流與豐富的創意。本書認為「時尚」可以是時髦，可以是流行，或是歷久不衰的品味與經典，而嘗試提出「（傳統或未來）＋創新＝時尚概念」；意即應用傳統文化元素或未來概念，結合未來發展趨勢與消費者偏好訊息，以創新設計方式或品牌行銷策略，提出時尚商品或風格的過程。「時尚」，不僅是一種生活品味，它是一種創意的追求，更是一種生活態度的展現。時尚潮流的創新不是無中生有，創新的許多發想是從傳統元素中脫胎、萃取、昇華、再創新，並且從復古的思維中展現出百年如新的新鮮感與時代精神。新一代的設計思維不再偏限於色彩、造型、材質、功能的角度，講究個性化與故事主題的創意設計，成為商品設計的終極目標；「說故事」、「趣味性」、「跨域整合」、「多元化」、「情感訴求」等概念，成為時尚品牌重要的行銷養分。

筆者再研析相關史料後，受限於時間等因素，本書內容尚需透過更多先進、前輩的指導及原始資料、文獻等的重複比對，方能更完整與精緻地呈現；此乃筆者持續努力的目標。最後，本書的出版，特別感謝醒吾科技大學周燦德校長、臺灣商業聯合總會張平沼理事長、台北市紫丁香婦幼關懷協會陳淑珠理事長、華文時尚傳媒ShineMedia執行長高憶雯，撥冗應允為本書撰序。

傅茹璋 謹識
撰文於2018年初秋

目　錄

時尚並不是所謂的實物，好比我們衣櫥裡那條永不退潮的裙子。
時尚是抽象的，可以藏匿在天空中，遊走在街道間。
時尚是靈感和態度，是周遭發生的一切。
──可可‧香奈兒（Coco Chanel）

1912年的可可‧香奈兒

資料來源：https://zh.wikipedia.org/zh-tw/香奈儿#/media/File:Chanel_hat_from_Les_Modes_1912.jpg (2018.08.01)

沒有文化就沒有進步，我認為一間古老茶莊比百座摩天大廈重要，
不要胡亂拆掉舊有建築吧，要尊重前人留下的心血。
──薇薇安‧魏斯伍德（Vivienne Westwood）

薇薇安‧魏斯伍德

資料來源：http://a0.att.hudong.com/78/85/01300000246938138485854937666.jpg (2018.08.01)

PART 1

時尚產業概念篇

依據麥肯錫（Mckinsey & Company）及BoF（The Business of Fashion）擬發布的「The State of Fashion 2018」研究報告，提出「2018年時尚產業的十大趨勢預測」[1]，並指出全球時尚產業預計2018年平均收益增幅可達3.5～4.5%，總額可達2.5兆美元。這一數字超過了2017年2.5～3.5%的增長率，其中服裝、鞋類的銷售增長的動力有一半以上首度出自歐美以外的新興市場；屆時西方市場趨向飽和、成長放緩。根據BoF與麥肯錫的預測，亞洲新興市場印度、越南、中國等增量最大，收入增長將達到6.5～7.5%[2]。依據該研究趨勢預測結果，亞太將主導未來的時尚產業發展。

一、何謂時尚？——「時尚方程式」概念

「時尚」一詞是從英語的「Fashion」轉變而來；早期意味「時尚潮流」，指某一個時期的社會流行風氣。現代討論「時尚」可以是時髦，可以是流行，或是歷久不衰的品味。依據「時尚」字面的解釋，「時」指「時間」，「尚」可謂「崇尚」。在學理角度研析，1904年Simmel指出「時尚是一種階級劃分的產物，一方面意味著『結交』同等地位的人，另一方面也意味著這些人會『排斥』地位較低的人。其外在表現的方法，就是一種特殊的生活方式，而這種方式引領了低階層的人想辦法透過『模仿』的動作達成向上循環的目的，這整個流動的過程，就叫做時尚潮流」。

一般將「時尚潮流」簡稱「時尚」，指某一個時期的社會流行風氣。本文定義「時尚」意指「在某個時期，人們所崇尚的生活品味」。進一步詮釋「時尚」是歲月澱積而成的一種狀態、一種文化、一種習慣，代表一種生活的形式、觀念與創意，是一種生活的品味。

因此，本書認為「時尚」可以是時髦，可以是流行，或是歷久不衰的品味與經典，乃進一步提出「（傳統或未來）＋創新＝時尚概念」；意即應用傳統文化元素或未來概念，結合未來發展趨勢與消費者偏好訊息，以創新設計方式或行銷策略，提出時尚商品或風格的過程。時尚，

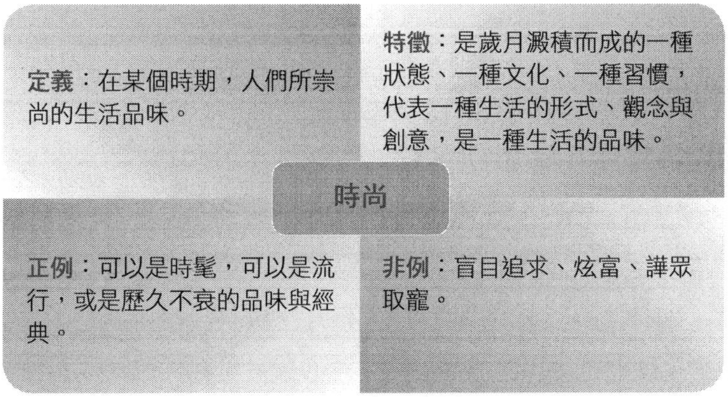

定義：在某個時期，人們所崇尚的生活品味。

特徵：是歲月澱積而成的一種狀態、一種文化、一種習慣，代表一種生活的形式、觀念與創意，是一種生活的品味。

時尚

正例：可以是時髦，可以是流行，或是歷久不衰的品味與經典。

非例：盲目追求、炫富、譁眾取寵。

圖1-1　時尚概念圖

不僅是一種生活品味，它是一種創意的追求，更是一種生活的態度。

二、何謂流行時尚？

　　「流行」（Popular）是社會文化動態的最佳縮影，表現當代的大眾品味、價值觀及消費者行為偏好。由於時代變遷與社會思潮改變，影響流行趨勢，並產生循環性。「流行時尚」（Popular Fashion/Fashion Trend）經由漸進的速度由導入期、成長期、成熟期到衰退期，其生命週期的時間延續性較長，大部分的流行商品都具有這個型態。所以「流行時尚」的商品會因為一段時間的沉澱，重新回到流行的舞台上。由於流行時尚商品具備規律性與週期性，過去的流行時尚商品經常成為當代時尚設計師創作的靈感。

　　學理研析，狹隘定義「流行時尚」係指一般的流行型態，在特定時間地點，被大多數人所接受的服飾款式或色彩、花樣。以廣義的角度來看，「流行時尚」不限於服飾，音樂、舞蹈、建築、電影的題材、甚至人的言行，都有當代特有與風行的表達方式（輔大織品服裝學系編委，1996）。此外，經濟部（2009）定義「流行時尚產業」係指「凡從事以服裝或配套產品與服務為核心，且強調流行元素注入之資訊傳遞、設計、研發、製造與流通等行業均屬之」。配套產品與服

務包括皮件、珠寶、配飾等；資訊傳遞涵蓋出版、廣告、藝術娛樂、模特兒經紀等；流通涵蓋批發零售銷售、直銷、物流、行銷活動服務等。「流行時尚」表現社會文化動態的最佳縮影，可透過時尚歷史舞台的代言人，成為在當代的新焦點，呈現當代的靈感、價值觀與生活態度，以及創新概念。舉凡大數據、AR擴增實境、人臉辨識、APP工具等科技，都能與時尚精品巧妙搭配。「快速時尚」（Fast Fashion）H&M[3]、UNIQLO[4]、ZARA[5]透過大數據，快速推出新款式，以「平價時尚」（Cheap Fashion）吸引消費者的目光。過去品牌習於平面、電視媒體等單方宣傳的行銷風格，創新為人機互動、即時社群資訊交流、電子商務等方式，應用美學與科技的結合，跨域整合技術、專業Know-how，展現理性與感性的交融，以利帶動整體產業轉型與升級。

「流行時尚」，無論是以哪一種形貌出現，這些產品、概念、思想等，都必須是大眾能接受、享受、擁有與認同，這是一種必要的元素，也是流行基本構成的需求[6]。參考工業技術研究院（2009）提出流行時尚產業[7]特性，可包括：(1)流行元素創造產品價值；(2)產品生命週期短且具週期性；(3)產品具獨特性、替代性低；(4)產品能互相搭配性購買；(5)屬割裂（Segmented）型市場、為完全競爭結構（即市場區

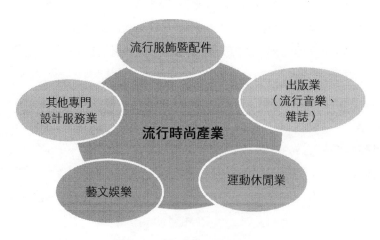

圖1-2　流行時尚產業圖

資料來源：經濟部（2009）。

隔明顯）等。

三、時尚產業之定義與範疇

　　「時尚產業」有別於一般傳統產業，任何產業皆可成為時尚產業；是以人為本所衍生的所有生活相關產業。參考經濟部（2009）定義之狹隘的「時尚產業」主要指服裝、鞋類、飾品與配件等。廣義的「時尚產業」還包括室內裝潢、家飾家具、美化妝保養品、美容服務、紡織、家電、3C產品、文具、古董、禮品、藝術品、健身器材、寵物等，以及如零售、會展諮詢、傳媒、出版、形象包裝等周邊產業。因此，「時尚產業」可以是傳統產業的轉型，可以是未曾出現過的新興產業，包括食、衣、住、行、育、樂等之生活產業。

四、時尚產業之特性

　　全球時尚產業已成為臺灣及許多國家發展文創產業中最具產值的一環；根據統計，2011年全球時尚產業包含服裝、奢侈品、紡織業的

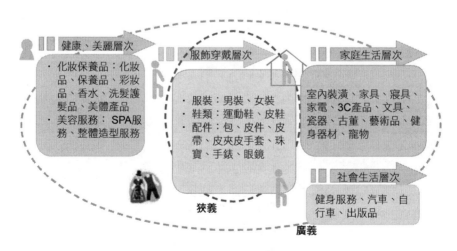

圖1-3　時尚產業圖

資料來源：經濟部（2009）。

產值達3兆美元。目前臺灣時尚產業一年的總營業額超過6,600億新台幣，總廠商將近六萬八千多家。經濟部預期臺灣在109年將達成紡織產業總產值7,000億新台幣，並建立五個國際性品牌、建立十個網路品牌、兩家通路品牌，且增加設計師就業人數六百人。

(一)時尚產業之產業價值鏈[8]

產業價值鏈是以一個主導產業為核心的領域，產生企業在某一產業價值鏈上集聚關聯度較高的眾多企業及其相關支撐機構的現象。這種產業價值鏈上企業的集聚，向上延伸至原材料、零件及配套服務的供應商；向下延伸至產品的營銷網路和顧客；橫向擴張至互補產品的生產商及支撐技能、技術或合作的相關企業，推動關係包括政府和多功能公共機構的參與。由於集群內企業間是長期形成的非契約「信任與合作」關係，因此面對外部競爭時，使其具有獨特的競爭優勢[9]。

時尚產業從上、中、下游之產業價值鏈，大致可以分為四個部分：(1)原料生產（Production of Raw Materials）；(2)參與中間過程的設計師、製造商與承包商（Production of Fashion Goods by Designers, Manufacturers and Contractors）；(3)零售銷售（Retail Sales）；(4)各種形式的宣傳和推廣公司與活動（Various Forms of Advertising and

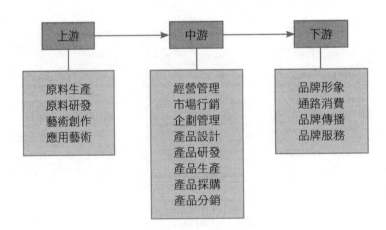

圖1-4 時尚產業之產業鏈圖

Promotion）等。時尚產業是一連串的行為影響，從材料的應用、設計師巧思靈感、服裝製作、時裝發表會、加工廠、零售店、公關與廣告公司，以及消費大眾等，共同造就了時尚產業的發展。從消費者走進商店街（百貨公司），欲選購一件衣服、鞋子、手提包或手錶的那時刻起，便進入了時尚產業勾勒的時尚樂園（Fashion Wonderland），多樣化的商品、多采多姿的顏色、各式各樣的時尚商品，提供消費者欣賞、比較、選購的滿足感[10]。

(二)時尚產業之產業特性

根據文化創意產業推動組織的定義，「設計品牌時尚產業」係指從事以設計師為品牌之服飾設計、顧問、製造與流通等之行業，隸屬於文化創意產業的一環。時尚產業是創意產業[11]中的指標性產業，是一門源自於創意或文化積累，透過智慧財產的形成與運用，以創造財富與就業機會，進而促進整體生活環境提升的產業。時尚產業發展，具備品牌印象特質與當代的行銷宣傳技術，兩者聯合創造屬於特定時空的品味與話題。

因此，時尚產業在時空背景變遷的發展過程中，可歸納幾項產業特性，包括：(1)具備屬於創造性活動；(2)具備知識密集的特點；(3)產品以創意及創新為取向，產業以研發為主要投入要素[12]；(4)抓住顧客心的行銷策略；(5)具備品牌導向之市場性；(6)具有永續性的高附加價值；(7)具備與不同產業結合的多元性產品；(8)可發展為高度全球化的行業；(9)創造工作機會的產業等。

◆具備屬於創造性活動

創意是令客戶驚奇反應，時尚產業透過「時尚方程式」的概念，結合傳統文化元素或概念，與未來應用品牌印象特質與當代的行銷宣傳技術，兩者聯合創造屬於特定時空的品味與話題。例如臺灣之光的設計師王大仁（Alexander Wang）於2013年所推出的品牌形象影片；號召一群粉絲到其品牌倉庫，宣布粉絲當天可「免費」取得倉庫裡的

每一件衣服。影片慢速度鏡頭呈現粉絲如難民般地爭相搶奪衣服的影像，傳達出粉絲想獲得Alexander Wang品牌衣服的概念。

◆具備知識密集的特點

因應現代科技化與數位化之產業發展趨勢，時尚產業包含上、中、下游之產業價值鏈形成，必須在原料、設計、生產、販售與行銷策略等過程中，具備專業性與創新性，解決問題，調整策略；不斷推陳出新，建立品牌風格，才能具備競爭能力。例如亞馬遜應用人工智慧，開發算法透過分析圖像設計衣服，複製流行的款式，並利用這些數據進行新設計。Farfetch的「未來商店」應用商店入口自動識別，支持電子標籤（Radio Frequency Identification, FRID）的衣服架和數碼鏡子，讓顧客可以選擇尺寸、顏色並直接結帳。

◆產品以創意及創新為取向，產業以研發為主要投入要素

產業是穩定的獲利模式，時尚產業屬於在時空背景之下，應用產業鏈資源之文化累積與創新發展的產業，需要專業領域人才投入，因為品牌的建立，因應消費者的需求與設計師的創意，在產業鏈各個層面中，不斷推陳出新，同時能創造永續性的附加價值。在全球化的後現代消費下，消費的重要性不僅是商品本身的功能，更包括商品本身帶來的文化意象。近年時尚產業發展，產品以創意及創新為取向，因此導入形象設計產業與人才投入，增加產品的包裝及視覺形象建立，展現產品的「故事」與「風格」，增加商品的趣味性、獨特性與文化美學價值。

◆抓住顧客心的行銷策略

品牌要持續茁壯，除了固守原有商品力，品牌策略更是要大膽擁抱創意行銷力。尤其是時尚產業，在眾多花花世界的單品中，想脫穎而出吸引消費者目光，更需要「抓得住人心」的行銷策略，才能讓消費者持續回流，打造經典百年品牌。近年因應電子商務的流行，許

多零售、百貨店家紛紛感受到消費市場流向網路端，因此許多店家在門市設立「實境動漫」科技，為品牌創造新價值。此外，可應用時尚科技行銷之功能，包括商品資訊（提供新產品功能訴求、新品上市預告）、招募會員（藉由與實境動漫拍照，掃描QRcode立即加入成為會員）、商品活動曝光（每一季行銷活動透過實境動漫看板宣傳）、上傳打卡會員店內索取小禮物等方式。例如以都會輕熟女為客群的Glory21為例，Glory21導入RFID技術的「智慧衣架」科技，在衣架上置入RFID感測元件，消費者看準某一單品後，不僅能試穿也能將衣架結合螢幕裝置感應，螢幕上便推薦該服飾的穿搭樣式，以及適合的配件。同時在門市內建置「智慧試衣間」，VIP消費者在試衣間內透過數位螢幕上的電子目錄，選擇想試穿的服飾，選擇後按下「我要試穿」按鈕，店員便協助挑選、試穿，顧客不須因尺寸、顏色或穿搭而困擾，來回試衣間。這項科技的應用，不僅節省消費者購物時間，也因為細緻的服務提升店內成交率[13]。2015年十四家大台北門市全年營收屢創新高，秋冬客單價平均上看近萬元。

◆ 具備品牌導向之市場性

為了與競爭者商品區隔，創造品牌的價值，以及建立消費者對於品牌的忠誠度，可透過品牌名稱、Logo、符號、術語、品牌故事、活動代言人及商品特色等方式建立品牌的形象，提升品牌的知名度。品牌知名度建立，可創造品牌市場的有形價值；例如NIKE、CHANEL、LV、APPLE等，因為具備品牌知名度，除了擁有具品牌忠誠度的粉絲之外，標示這些品牌名稱的商品，同時代表品牌的精神與意涵，經常成為消費者決定是否選購的重要因素。

◆ 具有永續性的高附加價值

永續性可以成為品牌差異化的來源，吸引到龐大而忠實的客戶群體。更多時尚品牌從供應原材料環節，便考慮其回收能力；新一代消費者尤其關心環保，偏愛對環境友好的產品。例如，ZARA在中國的

所有商店安裝回收箱；H&M投資Re:Newcell與Eileen Fisher的更新進程，可修補或裁剪衣服，重新利用；Adidas的3D打印運動鞋，研究按需製造、供應鏈流程再造等領域。而Ambercycle已經在利用微生物分解聚酯，在實驗室裡種植皮革。此外，一些企業透過與科技公司合作，推動公司的創新及永續性發展，例如North Face與Spiber合作開發人造蜘蛛絲的皮大衣。

◆具備與不同產業結合的多元性產品

　　時尚產業的成功不僅需要優秀的產品，更需要縝密的規劃與配套措施；因此，臺灣時尚教育應該多元化、分工化，不侷限於設計層面，尤其須重視經營管理、行銷企劃、流通運籌、廣告宣傳等經營人才的培養，才能夠發揮時尚產業發展整體的戰鬥力。

◆可發展為高度全球化的行業

　　時尚產業也是一個高度全球化的行業，例如法國的時裝公司可能與在義大利的設計公司合作，讓中國或越南的工廠完成製造後，運到美國或其他國家的倉庫，然後在該國的零售店裡售出。珠寶行業也有著異曲同工之妙，比利時的珠寶商向南非鑽石開採地購買了鑽石後，連同來自香港設計師的設計，讓以色列特拉維夫（Tel Aviv-Yafo）的工廠照著打磨、鑲嵌，完成後運送到全球各地販售[14]。

◆創造工作機會的產業

　　時尚產業屬於生活產業，從原料生產到消費活動形成的產業關係，與時俱進而能在每個階段不斷創新，創造工作機會。時尚產業在許多發展中國家屬於該國經濟支柱；在印尼，服裝業貢獻的產值僅次於當地餐飲業，甚至每三人勞動人口中，就有一人（32%比例）受聘僱在時尚產業。印度的經濟中心和工業基地孟買（Mumbai）聚集全印度15%的工廠與40%的紡織工廠，也是世界上最大的紡織品出口港之一[15]。

(三)時尚產業之從業人員

依據上述時尚產業之產業特性，時尚產業可以是傳統產業轉型，也可以是新興的產業。時尚產業是生活產業，如同北歐的生活觀念、生活用品、生活環境都落實在切身生活所需的生活產業發展；北歐人所培養的生活美學，從教育體系著手，並活用包括在衣（服裝、配件、美體等）、食（餐飲、養生等）、住（裝修、家具、生活用品等）、行（交通工具、通訊工具等）、育（學習模式等）、樂（休閒娛樂、流行運動等）之生活產業；而這些領域中各行業關鍵人才都是不可或缺的。

時尚產業形成上、中、下游之產業鏈，需要跨領域的從業人員，包括原料生產與研發人才（Research and Development）、參與中間過程的設計師、製造商與承包商、市場調查人員、採購與分銷人員、零售銷售（Retail Sales）、產品行銷與管理人員、品牌傳播與服務人員，以及各種形式的宣傳和推廣公司與活動等。因此，希望進入時尚產業的人士，需先建立時尚產業與商品的發展概念，並瞭解時尚品牌與形象的建立方式，以及學習時尚資訊的傳遞模式，同時熟悉時尚品牌經營管理與行銷的方法；尤其在現今智慧與科技日新月異的時代，如何應用智慧科技，打造具創意的產品，與競爭者市場區隔，因應現代生活的消費者行為偏好，打動消費者的心等產品定位及行銷策略，乃時尚產業從業人員，需跨域整合、團隊合作重要的產業鏈核心觀念。

1

2018年時尚產業的十大預測：(1)地緣政治動盪、經濟不確定性和不可預測性是新常態；(2)企業將更加全球化及跨界合作，儘管有各種關於民族主義、製造業回潮的言論，全球化的進程不會因此停滯。跨界互聯和數字化的指數式增長將改變競爭環境，並給某些玩家帶來競爭優勢；(3)亞太市場是主角，世界上有三分之二的電子商務獨角獸公司、超過一半的全球在線零售銷售業務、無數的數字和技術創新都出自亞洲；(4)消費者越來越看重個性和獨立性，品牌須重視數據分析以追蹤消費者喜好，對設計做出調整，增加個性化體驗；公司應重新尋找關鍵價值點；(5)平台越來越重要，消費者習慣於以網路平台作為第一個搜索點，時尚品牌也應該尋求與這些強大銷售渠道合作。時尚品牌需思考「如何與平台合作」；(6)因應移動端偏好，消費者將期望時尚公司也能夠支持日益便利的線上交易；(7)領先的時尚公司使用人工智能輔助創意、設計和產品開發，例如，應用算法篩選大量數據，以預測消費者最喜歡哪種產品；(8)永續性可以成為品牌差異化的來源，吸引到龐大而忠實的客戶羣體。更多時尚品牌從供應原材料環節，便考慮其回收能力。新一代消費者尤其關心環保，偏愛對環境友好的產品；(9)低價被認為是萬靈藥，能讓過剩庫存快速週轉，讓利潤率迅速增長。歐洲和亞洲的時尚品牌一直都喜歡以低廉的價格打價格戰，但時尚公司可能會面臨利潤率降低的風險；(10)思維革新，由於行業競爭激烈，急需創新，越來越多的時尚公司開始仿效初創公司的特點，例如靈活、協作和開放。傳統的公司將被迫以更開放的態度面對市場，接納新類型的人才、新的工作方式、新的合作關係和新的投資模式。參考自「SAOWEN(2018-01-02 36kr.com)，2018時尚產業十大趨勢：實驗室種皮革、亞太將主導時尚圈；https://hk.saowen.com/a/db3bb228addd188695792daa624c7cca05d176aba42cecc6dea4f3327ee93621」(2018.08.01)。

2

同註1。

3

H&M是瑞典品牌；在全球找尋最佳價格的原料，並且大量採購以「最佳價格，帶來時尚與品質」為口號，經營祕訣在於講究「營運輕盈」。H&M將製造全部外包，和全球九百多位供應商密切合作。供應商以高效物流直接送進H&M各銷售市場的物流中心，免去中間商成本，保持價格競爭力。H&M還講究「設計速度」；H&M在斯德哥爾摩總部僱有一百六十位設計師和一百名打版師，隨時搜尋靈感，快速轉化為商品，盡可能縮短時尚與零售市場的距離，永遠保持新鮮感。

H&M的行銷策略，除了應用大型看板、報章雜誌、電視媒體等方式，並以奇招，大膽吸引消費者目光；例如與大設計師品牌合作，從Fendi時尚總監

拉格斐開始，Jimmy Choo、浪凡、凡賽斯等，以及和擅長紐約街頭風的華裔設計師王大仁（Alexander Wang）合作，找來嘻哈歌手蕾哈娜在紐約時裝週現身，再安排超模拍攝廣告，最後在紐約發表走秀，引來粉絲開賣前漏夜排隊，一次次創造話題。H&M也懂得善用名人加持，創造話題；例如2012年開始和足球明星貝克漢聯名推出的男性內衣，不但廣告吸睛，當季便刺激相關銷售成長三成。以及2013年好萊塢女演員海倫·杭特（Helen Hunt）身著H&M深藍色長禮服走上奧斯卡紅毯，引起話題。參考自「謝明玲，2015」。

4 UNIQLO前身是創辦人柳井正所創的男性服飾店「小郡商事」，而後在廣島開設「UNIQUE CLOTHING WAREHOUSE」，當時取縮寫為「UNI-CLO」；1988年進軍香港時，註冊商號人員將「C」填寫為「Q」，此後社長柳璟政變決定將錯就錯更名為「UNIQLO」，並於1991年將母公司改為Fast Retailing，成為亞洲平價時尚的先驅。

UNIQLO行銷方式，主要利用「網路排隊」選購服飾方式，以網路社群行銷取代傳統廣告（臉書為主）。

本著「MADE FOR ALL」的理念，讓服飾跨越國界、年齡、職業、性別等；在服裝設計上以簡單和高機能性為主。與H&M一樣和許多國際設計師合作，包括漫畫家、插畫家、造型師、攝影師等跨界合作。相較H&M現代時尚的新穎設計，UNIQLO更顯中規中矩。

5 ZARA屬於西班牙印地紡（INDITEX）集團；是世界四大時裝連鎖機構之一（瑞典時裝巨頭H&M也是其中之一），INDITEX是西班牙排名第一，全世界排名第三的服裝零售商，在全球五十二個國家擁有兩千多家分店。ZARA沒有首席設計師，所有設計師的平均年齡為26歲；主打「多款式、小批量」，近四百名設計師一年到頭來回各大時裝發表會和時尚場合，吸收時尚新知，以類似概念設計並進行量產；因此常為ZARA引來侵權的爭議。

ZARA幾乎不做廣告、不標榜名牌設計師；主要依賴消費者之間訊息交流，強調品牌的口碑相傳。ZARA以自家工廠與外包雙線生產，一年出產約一萬二千種款式，每一款出產量小，是唯一能夠在十五天內（從設計到生產只需七至十二天），將生產好的商品運送到全球八百五十多家分店的服裝零售商，營造物以稀為貴的行銷策略。ZARA被認為是歐洲最具研究價值的品牌之一，曾被譽為時裝業中的DELL電腦。

6 參考自陳世晉等（2013），《時尚經營概論》，台北：全華。

7 法國流行時尚產業，以服裝／皮件為主體，香水、飾品配件為週邊；包括男裝、女裝、男女性內衣、其他服裝與配件飾品、量身定制服、皮革與毛皮服裝、線衫與同類型之商品、襪類／足部穿著物、鞋類、皮件商品、香水／化妝品、珠寶等。義大利流行時尚產業，除了皮件、香水、珠寶、眼鏡、紡織／服裝、鞋、飾品配件外，家飾品、內衣與泳衣、寵物用品、銀器、個

人用品系列、磁磚與文具用品等亦涵蓋在內。美國流行時尚產業,泛指服裝製造、紡織製造、服裝批發商／紡織供應商、珠寶／銀器製造、鞋類、服裝珠寶／新穎小巧物品／鈕釦製造、包包或其他個人皮件;此外,家飾品、眼鏡、鐘錶、內衣、童裝、牛仔系列商品等亦包括在內。日本流行時尚產業,泛指皮件、皮鞋、飾品配件或是香水,家飾品、高爾夫球用具等(經濟部,2009)。

8 價值鏈概念是由哈佛商學院教授麥可·波特(Michael Porter)1985年在《競爭優勢》(Competitive Advantage)一書中提出的。他認為「每一個企業都是在設計、生產、銷售、發送和輔助其產品的過程中進行種種活動的集合體,所有這些活動可以用一個價值鏈來表明。」產業鏈是產業經濟學中的概念,是各個產業部門之間基於一定的技術經濟關聯,並依據特定的邏輯關係和時空布局關係客觀形成的鏈條式關聯關係形態。

依據麥可·波特的邏輯,每個企業都處在產業鏈中的某一環節,一個企業要贏得和維持競爭優勢不僅取決於其內部價值鏈,並取決於在更大的價值系統(即產業價值鏈)中,一個企業的價值鏈同其供應商、銷售商及顧客價值鏈之間的連接。企業的這種關係所反映的產業結構的價值鏈體系,對應於波特的價值鏈定義,產業鏈企業在競爭中所執行的一系列經濟活動僅從價值的角度來界定,稱之為產業價值鏈(Industrial Value Chain)。MBA智庫百科;https://wiki.mbalib.com/zh-tw/產業價值鏈(2018.05.19)。

9 參考自「MBA智庫百科;https://wiki.mbalib.com/zh-tw/產業價值鏈」(2018.05.19)。

10 參考自「Nina Hsu (2014),原來是他們!時尚產業的幕後推手;https://womany.net/read/article/4853」(2018.05.19)。

11 「創意產業」觀念自英國發展,後被新加坡、澳洲、紐西蘭、韓國、臺灣等國家應用在國家政策。各國在名詞使用上不一,包括英國的「創意產業」(Creative Industries)、韓國的「內容產業」(Content Industries)、芬蘭的「文化產業」(Cultural Industries)與台灣的「文化創意產業」(Cultural and Creative Industries)等;其發展歷程與特性,均指文化或創意相關產業內容。台灣「文化創意產業」的內容,包括視覺藝術、音樂及表演藝術、工藝、設計產業、設計品牌時尚產業、電視與廣播、電影、廣告、建築設計、文化展演設施、數位休閒娛樂、創意生活等產業。

12 參考自「時尚業,工作大贏家·2005年11月號;http://hscr.cchs.kh.edu.tw/upload/carrer-39.pdf」(2018.05.26)。

13 參考自「IFAshionTrend_瘋時尚,台灣時尚產業如何成長?科技行銷協助品牌找到新契機;https://flipermag.com/2016/12/20/fasion-app/」(2018.05.26)。

14 參考自「Nina Hsu, 2014」。

15 參考自「Nina Hsu, 2014」。

PART 2

時尚品牌概念篇

　　所謂的時尚產業，具備品牌印象特質與當代的行銷宣傳技術，兩者聯合創造屬於特定時空的品味與話題。布魯默（Blumer）在1969年的研究造就時尚產業發展的三個動力，包括：(1)時尚採購員感知消費者的品味；(2)設計師企圖透過商品設計，表現「現代性」；(3)消費者透過觀察、模仿，開始自由選擇，藉此散發個人的「質感」。除了布魯默提出造就時尚產業發展之三種動力，近年來「品牌形象建立」，成為品牌行銷策略之重要目標，「品牌學」成為商界與學界競相應用與探討的顯學。

一、時尚品牌的意義

　　「品牌」（Brand）是一個名稱、術語、標誌、符號、設計或上述的結合使用；可用來識別某一銷售者或某一群銷售者的產品或服務。品牌識別（Brand Identity）如同品牌的身分證，提供品牌的價值、遠景、目的與意義。當消費者看到某公司的品牌時，可能會聯想到性別、價值觀、風格、品質，甚至是教育程度；這些聯想會將品牌深入到消費者的生活。因此品牌識別是品牌獨特的品牌聯想，與競爭者區隔；如同公司品牌對顧客的承諾，與顧客間建立關係，並給予功能、情感及自我表現的利益。一般而言，消費者會傾向使用與本身個性相仿的品牌，或與自己理想中的個性相同的品牌；透過使用該品牌的產品，表達自我的特質，提升自我的形象，或是顯現自我身分地位的象徵。

　　「品牌建立」的目的，在使消費者在購買或使用產品前，即感受到所關心的品質、造型、材質、功能或附加價值，可包括：(1)與競爭者有所區隔；(2)是產品品質的承諾與保證；(3)是消費者形象投射與認同的方式；(4)是產品的相對定位、品質保證及功能資訊的提供。

　　「品牌形象」就是指企業的市場領導地位、穩定性、創新能力、國際知名度及悠久性等構成企業品牌價值之綜合指標。良好的「品牌形象」是企業在市場競爭中的有力武器，能深刻地吸引著消費者。

「品牌形象」內容主要由兩方面構成：第一方面是有形的內容，第二方面是無形的內容。「品牌形象」的有形內容又稱為「品牌的功能性」，即與品牌產品或服務相聯繫的特徵。從消費和使用者角度而言，「品牌的功能性」就是品牌產品或服務能滿足其功能性需求的能力；例如電冰箱具有保持食物新鮮度的能力；大眾運輸系統提供交通便捷的功能；LED燈具有節能省電的功能等。「品牌形象」的有形內容將產品或服務提供消費者的動能性滿足，消費者一接觸品牌，便馬上將產品功能性特徵與「品牌形象」結合，形成理性的認識。「品牌形象」的無形內容主要指品牌的獨特魅力，是營銷者賦予品牌的特性，使消費者對產品個性的特徵產生感性的認知。隨著社會經濟的發展，商品更為多樣與豐富，消費水平、消費需求不斷提高，對商品的要求除了包括商品本身功能等的有形表現，並要求商品帶來的無形感受，反映消費者的情感，顯示消費者的身分、地位、心理等個性化要求[1]。「品牌形象」進一步延伸的重要概念是品牌知名度、品牌聯想、品牌人格，乃至品牌忠誠度；對企業而言，「品牌形象」就是其最大的無形資產。

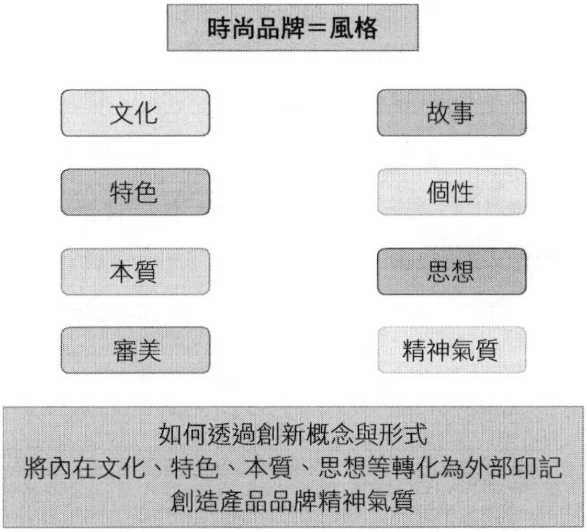

圖2-1　品牌形成概念圖

二、時尚品牌的價值

　　品牌建立最終目標便是創造品牌的價值（Brand Value），品牌價值是品牌管理要素中最為核心的部分，也是品牌區別於競爭者品牌的重要標誌。品牌價值，就是以企業向使用者承諾的最終品牌價值為導向和目標，從企業經營的整個業務鏈入手，梳理和改善每一個環節，使之符合品牌價值的要求。這樣的價值鏈貫徹企業經營的所有環節，包括產品研發、採購、生產、分銷、服務、傳播等[2]。

　　品牌的價值包括有形價值與無形價值。品牌的有形價值意指功能性利益，包含產品的價格、產品功能、性能、外觀、質量、材質、特色、包裝、標識、符號等。品牌的無形價值意指情感的利益，包含產品服務、促銷、廣告、品牌故事、品牌口碑、品牌知名度、品牌聯想、品牌人格、品牌忠誠度等，是長期競爭優勢和持續忠誠度的基礎。品牌形象的建立便是創造品牌的價值，品牌形象建立與維繫需要長時間的經營與管理，則是品牌的行銷與管理策略。

三、時尚品牌的權益

　　品牌權益（Brand Equity）是一種策略意義很高但又難以量化的概念。很多專家發展出各種品牌權益的定義，以及相對應的分析工具，但是目前行銷界尚不存在普遍共識。衡量品牌的價值一般涉及到兩個概念「品牌資產」和「品牌權益」。「品牌資產」是品牌未來的盈利能力的現值（Present Value），來自消費者的購買偏好（Keller, 1993），「品牌權益」是品牌未來盈利扣除與品牌相關成本後的「留存收益」現值[3]。

$$品牌資產＝品牌負債＋品牌權益$$

　　這裡的「資產」、「權益」的概念直接借鑑自公司財務方法，這

種處理使品牌估值很方便地與公司財務管理的傳統體系對接。「品牌資產」與「品牌權益」的估值使行銷費用的資本化（Capitalization）具備直觀的依據，將企業傳統觀念中的「行銷費用」轉變為「行銷投資」（Bluemelhuber）[4]。

「品牌權益」是連結品牌、產品名稱和產品符號的資產與負債的集合，其可能增加或減少該產品或服務對公司和消費者的價值；由於品牌所達成的市場地位，使其超過實體資產價值的額外價值，是品牌賦予實體產品的附加價值；或可解釋為一種剩餘價值，存在於喜歡的印象、態度及行為偏好的形式中；也可以是消費者對某一品牌之行銷效果刺激而反應於品牌知識的差異[5]。因此，顧客權益是構成品牌權益的基礎。消費者對品牌行銷的回應有不同的效果，稱為品牌認知度（Brand Awareness），代表消費者對品牌的反應；消費者對產品有正面認知，會提升品牌權益，消費者對於品牌接納度（Brand Acceptability）越深，所產生的品牌權益越大。簡言之，「品牌權益」是指品牌名稱的價值，品牌價值會反應在產品的價格、市占率，甚至是獲利率。「品牌權益」是以消費者為基礎，是消費者主觀對品牌的知覺品質（Perceived Quality）[6]、態度與偏好；是消費者品牌忠誠度、知覺品質、品牌聯想、品牌知名度與其他專屬資產組成的全面性價值。

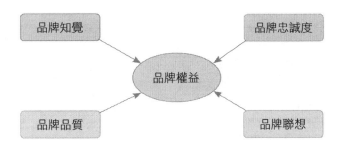

圖2-2　品牌權益關係圖

資料來源：D. A. Aaker (1991). *Managing Brand Equity: Capitalizing on the Value of a Brand Name*, p.270. New York: The Free Press.

四、時尚品牌的命名與商標

「品牌」（Brand）這個單字，傳說是當時的牧羊人，為了放羊時能辨別羊群，故此打上烙印，以便辨識。Brand的功能，有如一個印章，功能是「給人記得」[7]。時尚品牌的名稱、符號、廣告詞等，是消費者對於品牌認知的識別依據。「品牌」的總體表徵能區別與競爭產品之差異，建立消費者對於品牌的忠誠度。依據美國行銷協會定義品牌的元素有五點，包含：(1)名稱（Name）；(2)詞彙（Term）；(3)識別（Sign）；(4)符號（Symbol）；(5)設計（Design）。

好的命名能強化品牌聯想、定位及重要屬性。許多時尚品牌或以創立者姓名命名，或以產品特性命名，或以字詞意涵命名，或以諧音命名，或以合夥人的縮寫等命名，許多企業品牌命名會先徵詢算命師確認名稱是否符合吉祥筆畫，並與合夥人的八字吻合。時尚品牌名稱之命名，最好能留意幾項特點，例如：(1)容易發音，避免負面聯想的發音；(2)易於記憶，使消費者容易留下深刻印象；(3)符合法令規範，避免侵權影響後續品牌權益；(4)品牌字詞與發音能產生正面的意涵或聯想；(5)符合品牌故事或精神，凸顯品牌獨特性。

商標（Logo/ Trademark/ Brandmark）是品牌建立身分，消費者用於識別的第一印象。1946年美國通過藍漢法案（Lanham Act），准許企業向聯邦政府註冊商標，以保障公司品牌名稱或標誌，避免其他人盜用或誤用。

依據「商標識別性審查要點」的分類，商標具識別性的類型有三：(1)獨創性商標：商標圖樣是運用智慧獨創所得，非沿用既有詞彙或事務；(2)隨意性商標：商標圖樣由現有的詞彙或事務構成，並與指定商品全然無關，可表達區別來源；(3)暗示性商標：以隱含譬喻方式暗示商品的形狀、品質、功用或其他有關成分、特性、功能或目的等。

世界知名品牌的商標許多從品牌故事演繹而來，成為經典的品牌符號；以下例舉知名品牌之商標與設計意涵。

表2-1　時尚品牌商標參考表

品牌名稱	國家	品牌商標	
香奈兒 CHANEL	法國	Interlocking C's（雙C） CHANEL的Logo由Coco Chanel在1925年親自設計，沿用至今。靈感來源有三種説法：(1)來自Aubazine教堂的玻璃窗，Coco Chanel曾在那裡度過童年；(2)Coco Chanel在派對上遇見文藝復興時期的雙C標誌；(3)關於Capel男孩的愛情故事。Capel摯愛Coco Chanel一生，並曾支持Coco Chanel的事業與服裝店。傳記作家Justine Picardie曾暗示，雙C標誌是一種隱喻，Coco Chanel與Capel沒有商業聯繫、沒有結婚證，卻彼此重疊，也隨時遠離。	
迪奧 Dior	法國	Dior Dior的服裝與其他品牌做法不同，從不用任何CD或Dior等明顯標誌在衣服上，衣標的「Christian Dior Paris」是唯一辨識方法。	
瓦倫蒂諾 VALENTINO	義大利	VALENTINO 註冊的「瓦倫蒂諾」中文名稱字體為繁體。專賣店統一採用英文「VALENTINO」作為店面標識。在「V」型商標上，環繞字母「V」的圈是密封、扁形的。	
普拉達 PRADA	義大利	Rope Emblem（繩結徽章） PRADA的品牌Logo不常出現，Logo頂部的薩沃伊（Savoy）徽章曾是禁止使用的，直到1919年PRADA成為義大利皇室的制定供應商。	
喬治·亞曼尼 GIORGIO ARMANI	義大利	GIORGIO ARMANI 1975年，喬治·亞曼尼（Giorgio Armani）與建築師賽吉歐·嘉萊奧帝（Sergio Galeotti）創辦GIORGIO ARMANI有限公司，確立ARMANI商標。	
凡賽斯 VERSACE	義大利	Medusa Head（梅杜莎頭像） VERSACE的Logo設計以象徵手法，應用神話中蛇妖梅杜莎的造型為精神象徵，汲取古希臘、埃及、印度等的瑰麗文化打造而成。梅杜莎是希臘神話中的女魔頭，代表權威與致命的吸引力，沒有人能逃脱梅杜莎的愛；隱喻VERSACE不僅有藝術性、歌劇式的華麗，更引領先鋒時尚潮流。	

（續）表2-1　時尚品牌商標參考表

品牌名稱	國家	品牌商標	
愛馬仕 HERMÈS	法國	Carriage（馬車） HERMÈS的Logo以馬車搭配孟菲斯（Memphis）字體，由Dr. Rudolf Wolf在1929年設計。靈感來自HERMÈS的老本行「馬具用品店」。馬車圖案是HERMÈS從經營馬具開始的悠久歷史與精緻品質的傳統象徵，通常會在產品的內部不顯眼的地方看到。「HERMÈS」的大寫簽名，如果不是與馬車圖案一起出現，通常安排在按鈕或錶面上。HERMÈS下方經常有一行「PARIS」的小字。 「H」字型，相對Logo的名牌流行風，馬車圖案顯得有些含蓄，因此「H」字型在最近幾年的產品經常出現。	HERMÈS PARIS
路易‧威登 Louis Vuitton	法國	Monogram（花押字圖案） 喬治‧威登（Georges Vuitton）受到日本美學風潮在歐洲大行其道影響，以具傳統日本徽章的意味，由圓圈包圍的四葉花卉、四角星、凹面菱形內包四角星，加上重疊的LV兩字（Louis Vuitton名字縮寫）組成獨一無二的Monogram圖案組合。 Louis Vuitton公司於1897年將Monogram圖案帆布設計註冊，1905年將之註冊為品牌商標。	LV LOUIS VUITTON
古馳 GUCCI	義大利	Double G's（雙G） GUCCI的標誌是創始人古馳歐‧古馳（Guccio Gucci）名字的縮寫，由其兒子Aldo Gucci在1933年設定。這個標誌設計如同商品，奢華高貴、金黃的顏色、交錯的設計，展現GUCCI華美氣質形象。毋庸置疑，這個標誌與CHANEL的雙C品牌Logo極為相似，卻從來沒有為此而提出任何訴訟。	GUCCI
蓋爾斯 GUESS	美國	GUESS 代表GUESS品牌象徵的「？」常出現在服裝設計中；而倒三角形的布標則常見於牛仔褲的後口袋。倒三角的布標象徵品牌，問號代表新美國。GUESS的銀飾品也非常特殊，能夠表現出強烈的個人品味。	GUESS USA ？ WASHED JEANS

（續）表2-1　時尚品牌商標參考表

品牌名稱	國家	品牌商標	
博柏利 BURBERRY	英國	**Prosum Knight**（Prorsum騎士） 1901年，BURBERRY採用馬術騎士的品牌Logo，包括拉丁單詞「Prorsum」，意指「向前」的意思；而騎士的盔甲象徵外衣領域的突破創新。	
馬丁・馬吉拉 Martin Margiela	比利時	**White Stitches**（白色縫布） Martin Margiela品牌服飾縫在衣服的Logo只用白色布片，或圈上0～23其中數字的布片示意衣服所屬的設計系列；隨著系列的更新，亦會有更多不同號碼的出現。	
保羅・史密斯 Paul Smith	英國	**Signature**（文字簽名） Paul Smith品牌簽名Logo其實不是Paul Smith本人簽名，是出自1970年代Paul Smith在家鄉諾丁漢工作時結識的朋友Zena Marsh的手寫稿。	
拉夫・勞倫 Ralph Lauren	美國	**Polo Player**（馬球球員） Ralph Lauren馬球標誌是拉夫·勞倫最著名的標誌，選擇貴族的馬球運動為品牌Logo，聯想其設計服裝的源起。	
聖羅蘭 YSL	法國	**Letters**（字母） YSL的品牌Logo由烏干達籍的法國畫家、設計師Adolphe Jean-Marie Mouron在1961年12月設計完成。Logo看似簡單，卻充滿許多「出格」的設計想法，讓三個原本困難協調融合的字母，極其優雅地成為一體。	
勞斯萊斯 Rolls-Royce	英國	**Spirit of Ecstasy**（飛天女神） 車標源於浪漫的愛情故事，設計者是英國畫家兼雕刻家查爾斯・賽克斯（Charles Sykes）。已婚的英國保守黨議員約翰・蒙塔古（John Montagu），依然瘋狂地愛著自己的女秘書艾琳娜・桑頓（Eleanor Thornton）；在購買一輛勞斯萊斯10/HP後，蒙塔古找到查爾斯・賽克斯，希望將情人桑頓的形象設計成車標。幾經修改，最後飛天女神的形象終於成型；1911年，正式成為勞斯萊斯車的車標。	

（續）表2-1　時尚品牌商標參考表

品牌名稱	國家	品牌商標	
瑪莎拉蒂 Maserati	義大利	Trident（三叉戟） Maserati品牌的標誌為一支三叉戟，由瑪莎拉蒂兄弟中的Mario Maserati設計完成。靈感來自矗立在海神廣場（Plazza Nettuno）上的海神尼普頓（Nettuno）雕像，這裡曾是瑪莎拉蒂的總部所在地。	
法拉利 Ferrari	義大利	Horse（躍馬） Ferrari的「躍馬」車徽背後感人的故事，有兩種說法：(1)第一次世界大戰中捐軀的義大利空軍英雄Francesco Baracca的雙親，看見法拉利賽車所向無敵的神采，正是愛子英靈依托的堡壘，於是懇請法拉利將原來標徽繪在其愛子座機上的「躍馬」標誌，鑲嵌在法拉利車系上，以盡愛子巡曳地平線的壯志。法拉利欣然接受建議，並在「躍馬」頂端，加上義大利的國徽為「天」，再以Ferrari（法拉利）橫寫字體串連成「地」；最後以自己故鄉摩德納市的代表顏色黃色，渲染全幅組成「天地之間，任我馳騁」的豪邁圖騰；(2)世界大戰中義大利有位表現出色的飛行員，飛機上有一匹會帶來好運的躍馬。在法拉利最初的比賽獲勝後，飛行員的父母親，一對伯爵夫婦建議，法拉利也應在車上印製這匹帶來好運氣的躍馬。後來飛行員死亡，馬變成黑色；而標誌底色為公司所在地摩德納的金絲雀的顏色。	
保時捷 Porsche	德國	Horse（奔馬） Porsche的英文車標以創始人費迪南德·保時捷的姓氏「PORSCHE」字樣在商標的最上方，表明該商標為保時捷設計公司所擁有；圖形車標採用公司所在地斯圖加特市的盾形市徽；商標的「STUTTGART」字樣在馬的上方，說明公司總部在斯圖加特市；商標中間標示斯圖加特盛產的駿馬；商標的左上方和右下方是鹿角圖案，表示斯圖加特曾經是狩獵地方。商標右上方和左下方的黃色條紋代表豐收的麥子，商標的黑色代表肥沃土地，商標中的紅色象徵智慧與對大自然的鍾愛；由此組成一幅精湛意深、秀氣美麗的田園風景畫，展現保時捷公司輝煌的過去，並預示保時捷公司美好的未來，以及保時捷跑車的出類拔萃。	

品牌名稱	國家	品牌商標
麥拉倫集團 McLaren	英國	Various Marques（品牌字體） McLaren的標誌經歷過三個階段，第一個版本是1964由公司創始人Bruce McLaren的朋友、汽車藝術家Michael Turner設計；第二個版本，1967年更具活力的「Speedy Kiwi」標誌再次由Michael Turner設計，這個時期的標誌加入鮮明的木瓜橙顏色，稱為McLaren Orange；第三個版本，1997年McLaren的標誌再度更改，以更為精簡的設計與配色完成，就是現在看到的標誌。
藍寶堅尼 Lamborghini	義大利	Bull（奔牛） 藍寶堅尼的標誌設計來自金牛星座，是設計者Ferruccio Lamborghini為刺激法拉利創始人Enzo Ferrari的設計。標誌是一頭充滿力量、正向對方攻擊的鬥牛，與大馬力高性能跑車的特性相契合，同時彰顯創始人鬥牛般不甘示弱的個性。
布加迪 Bugatti	法國	Oval（橢圓徽章） 布加迪的創始人為Ettore Bugatti，標誌是其父親設計，他是一位出色的珠寶設計師與藝術家。他描述兒子Ettore Bugatti看待汽車就像審視自己手中的珍寶，而設計外形酷似珠寶的車標，襯托周圍點綴的花邊線是以早期汽車行駛中的安全線為靈感。
哈洛德百貨 Harrods	英國	Handwriting（手寫字體） 哈洛德的標誌由Minale Tattersfield於1967年設計，以手寫字體的Logo用於Harrods品牌下超過三百種的產品或服務，強調印刷樣式、包裝設計的統一。
星巴克 Starbucks	美國	Starbucks 星巴克的商標有兩種版本；第一種版本的棕色商標是由一幅16世紀斯堪地那維亞的雙尾美人魚〔希臘神話中的塞壬（Sairen）〕木雕圖案，美人魚赤裸乳房與雙重魚尾巴。目前位在美國西雅圖派克市場的「第一家」星巴克店鋪仍保有原始商標，其內販售的商品多帶有這個商標，第一家星巴克事實上已經遷離原址，仍在派克市場街上。2006年9月，星巴克又重新將棕色的商標復活，只限於熱飲的紙杯上使用。星巴克表示，公司是為慶祝35週年紀念，並且象徵其商標來自美國西北部太平洋沿岸地區的傳承。

（續）表2-1　時尚品牌商標參考表

品牌名稱	國家	品牌商標
星巴克 Starbucks	美國	但這個活動會在9月底結束，而且只限美國。第二種版本商標，自星巴克被霍華・舒茲（Howard D. Schultz），所創立的每日咖啡合併，更換新商標；沿用原本的美人魚圖案，少許修改為沒有赤裸乳房，將商標顏色改成代表每日咖啡的綠色，融合原始星巴克與每日咖啡特色的商標。第三種版本商標，2011年1月，星巴克公布新商標，取消舊商標的「STARBUCKS COFFEE」字環，僅保留中間的美人魚圖樣，3月起全面更換。

商標法

商標法第18條

商標，指任何具有識別性之標識，得以文字、圖形、記號、顏色、立體形狀、動態、全像圖、聲音等，或其聯合式所組成。

前項所稱識別性，指足以使商品或服務之相關消費者認識為指示商品或服務來源，並得與他人之商品或服務相區別者。

商標法第29條

商標有下列不具識別性情形之一，不得註冊：

一、僅由描述所指定商品或服務之品質、用途、原料、產地或相關特性之說明所構成者。

二、僅由所指定商品或服務之通用標章或名稱所構成者。

三、僅由其他不具識別性之標識所構成者。

有前項第一款或第三款規定之情形，如經申請人使用且在交易上已成為申請人商品或服務之識別標識者，不適用之。

商標圖樣中包含不具識別性部分，且有致商標權範圍產生疑義之虞，申請人應聲明該部分不在專用之列；未為不專用之聲明者，不得註冊。

五、時尚品牌的術語

　　許多知名品牌令人耳熟能詳的廣告詞（Slogan）[8]，有助於消費者對於品牌產品的認知與聯想。廣告語應清楚簡單、容易閱讀、抓住重點、用字淺顯、符合潮流、打動人心、貼近生活、引起共鳴，內容又不太抽象，使受過普通教育的人都能接受。廣告語在形式上沒有太多的要求，可以單句也可以對句；廣告語的字數以六至十二個字（詞）為宜，一般不超過十二個字。

　　時下有許多品牌，因為廣告詞而受到消費者注目，因而提升知名度與擴大產品市場；以下列舉知名品牌之術語（廣告詞）。

表2-2　品牌術語參考表

品牌名稱	品牌術語
CHANEL	1. Fashion passes, style remains. 時尚會過去，但風格永存。 2. Don't spend time beating on a wall, hoping to transform it into a door. 不要浪費時間敲一堵牆，你無法將其變做一扇門。 3. In order to be irreplaceable, one must always be different. 想要無可取代，就必須時刻與眾不同。 4. I love luxury. And luxury lies not in richness and ornateness but in the absence of vulgarity. Vulgarity is the ugliest word in our language. I stay in the game to fight it. 我愛奢侈。奢侈並不意味著貴重與裝飾華麗，奢侈就是屏除粗俗。粗俗是我們語言中最醜的一個詞。我從事設計就是為了對抗粗俗。 5. Look for the woman in the dress. It there is no woman, there is no dress. 記得要尋找穿衣服的女人。如果完全看不到女人，衣服的意義就失去了。 6. Some people think luxury is the opposite of poverty. It is not. It is the opposite of vulgarity. 有些人認為奢侈的反義詞是貧窮。事實上不是這樣。奢侈的反義詞是粗俗。 7. Innovation! One cannot be forever innovating. I want to create classics. 創造！人不能永遠創造。我想做的是製作經典。

（續）表2-2　品牌術語參考表

品牌名稱	品牌術語
CHANEL	8. A girl should be two things: classy and fabulous. 每個女孩都該做到兩點：有品位並光芒四射。 9. "Where should one use perfume?" a young woman asked. "Wherever one wants to be kissed," I said. 「應該在何處擦香水？」一位少婦問我。「只要是想被親吻的地方」我如此回答。 10. Dress shabbily and they remember the dress; dress impeccably and they remember the woman. 穿著破舊，則人們記住衣服；穿著無暇，則人們記住衣服裡的女人。 11. I don't understand how a woman can leave the house without fixing herself up a little - if only out of politeness. And then, you never know, maybe that's the day she has a date with destiny. And it's best to be as pretty as possible for destiny. 我無法理解一個女人怎麼可以毫不修飾就走出家門，哪怕出於禮貌也該打扮一下。而且，你永遠也猜不到，也許那天就是她與真命天子約會的一天。而為了自己的真命天子總是越美麗越好。 12. Luxury must be comfortable, otherwise it is not luxury. 奢侈就必須舒適，否則就不是奢侈。 13. Fashion is made to become unfashionable. 時尚創造就是為了使之過時。 14. There is no time for cut-and-dried monotony. There is time for work. And time for love. That leaves no other time. 沒有時間做一成不變的單調事。工作需要時間，愛情需要時間，就沒有時間做其他了。 15. The best colour in the whole world, is the one that looks good, on you! 最適合你的顏色，才是世界上最美的顏色。 16. Success is often achieved by those who don't know that failure is inevitable. 取得成功的人往往是不知道失敗是無可避免的那些人。 17. A woman who doesn't wear perfume has no future. 不用香水的女人沒有未來。
DIOR	Dior真我香水廣告語 1. If it's out there. 只要存在 2. Dior will find it. 迪奧就將找到它

（續）表2-2　品牌術語參考表

品牌名稱	品牌術語
DIOR	3. The most desired secret ever. 　　最令人渴望的秘密 4. Born in the sun, water, air, fire, and earth. 　　蘊於陽光、流水、空氣、火焰和泥土 5. Through the rarest flower gardens. 　　穿過珍稀花卉盛開的花園 6. Beyond the deepest seas. 　　超越海洋的最深處 7. To the edge of the world. 　　直到海角天涯 8. Where fragility finds her strength. 　　纖弱獲得力量 9. And the material becomes the ethereal. 　　花瓣生成芬芳 10. Falling like a drop of gold into your waiting hand. 　　　如同一抹燦爛的流金滴落你渴望的雙手 11. Perfectly formed. 　　渾若天成 12. Perfectly free. 　　盡情釋放 13. You don't discover this essence. 　　無需刻意追求 14. It discovers you. 　　它自會尋你而來 15. J'Adore Dior! 　　迪奧真我香水
LEVI'S	Quality never goes out of style 質量與風格共存
蘭蔻	1. Believe in beauty. 2. 基因決定肌底（蘭蔻小黑瓶廣告語）
雅芳	比女人更瞭解女人
歐蕾化妝品	你是我高中同學嗎？我是你高中老師！
LUX沐浴乳	Lux, Super Rich!
媚登峰	Trust Me, You Can Make It.
自然美	自然就是美！
DE BEERS	1. A diamond lasts forever. 　　鑽石恆久遠，一顆永留傳！ 2. 都是鑽石惹的禍。
屈臣氏	我發誓，我們最便宜！

（續）表2-2　品牌術語參考表

品牌名稱	品牌術語
勞力士	來去之間，你總是能掌控時間！
OMEGA	The sign of excellence. 凝聚典雅。
LEXUS	1. 專注完美，近乎苛求。 2. The relentless pursuit of perfection. 　追求完美永無止境。
NISSAN	我是從當了爸爸之後才開始學做爸爸！
全家便利商店	全家就是你家！
7-11便利商店	1. Always Open 7-11 2. 有Seven-eleven真好！
NIKE	1. The future is here!（1999年廣告詞打開輕量化跑鞋Nike Air Huarache的第一頁） 2. Just Do It. 3. 堅持，世界就會看到你！（王建民幫Nike拍的廣告）
愛迪達	Impossible is nothing.
飛利浦	Let's make things better! 讓我們做得更好。
歌林家電	It's A Good Idea.
NOKIA	1. 科技始終來自於人性。 2. connecting people 　科技以人為本。
台灣啤酒	1. 哈咪尚青！ 2. 有青才敢大聲。 3. 蝦米尚青，台灣米魯尚青！ 4. 朋友～順啊～
麒麟啤酒	乎乾啦！
HEINEKEN啤酒	As natural as rain.
REMY MARTIN XO	Exclusively Fine Champagne Cognac. 人頭馬一開，好事自然來。
HENNESSY（軒尼詩酒）	To me, the past is black and white, but the future is always color. 對我而言，過去平淡無奇；而未來，卻是絢爛繽紛。
伯朗咖啡	咪斯特不郎（Mr.伯朗）～咖啡！
統一曼仕德咖啡	生命就該浪費在美好的事物上。
可口可樂	1. 擋不住的感覺。 2. Things go better with Coca-cola. 　飲可口可樂，萬事如意。

（續）表2-2　品牌術語參考表

品牌名稱	品牌術語
PEPSI （百事可樂）	Generation next. 新的一代！
芬達汽水	It's Fun Time.
SEVEN-UP （七喜）	Fresh-up with Seven-up. 提神醒腦，喝七喜。
雪碧	Obey your thirst. 服從你的渴望。
雀巢	1. 自然涼快到底（雀巢檸檬茶） 2. The taste is great. 　味道好極了！（雀巢咖啡） 3. Take time to indulge. 　盡情享受吧！（雀巢冰淇淋）
MAXWELL	Good to the last drop. 滴滴香濃，意猶未盡（麥氏咖啡）
三洋維士比	啊～福氣啦！
蠻牛	1. 喝蠻牛給你變成一條活龍！ 2. 你累了嗎？
麥當勞	麥當勞都是為你！
達美樂	達美樂打了沒，8825252！
必勝客	PIZZA HUT HOT到家！
品客洋芋片	品客一口口，片刻不離手！
珍珍魷魚絲	珍珍魷魚絲，真正有意思。
M&M巧克力	只溶你口，不溶你手！
中興米	有點黏又不會太黏！
萬家香	一家烤肉萬家香。
維力手打麵廣告	張君雅小妹妹 恁家ㄟ泡麵已經煮好了！
雀巢奶粉	成長只有一次！
克寧奶粉	我會像大樹一樣高！
頂好WELCOME 超市	頂好welcome就在你身旁（頂新鮮的好鄰居）。
今周刊	別人看歷史，我們看未來！
中國信託	We are family.
大安銀行	大家安心的銀行。
KONICA	1.摳～尼～咖～他抓得住我。 2.他傻瓜、你聰明。 3.拍誰像誰，誰拍誰誰都得像誰！

（續）表2-2　品牌術語參考表

品牌名稱	品牌術語
富士軟片	十種表情，百樣心情。
KODAK	A Kodak moment. 就在柯達一刻。
聯邦快遞	使命必達。

注　釋

1　參考MBA智庫百科；https://wiki.mbalib.com/zh-tw/%E5%93%81%E7%89%8C%E5%BD%A2%E8%B1%A1 (2018.05.26)

2　價值鏈概念是由美國哈佛大學的參可·波特提出的，是作為企業的一種分析工具；http://www.twwiki.com/wiki/品牌價值鏈(2018.05.26)。

3　參考維基百科；https://zh.wikipedia.org/wiki/%E5%93%81%E7%89%8C%E6%AC%8A%E7%9B%8A (2018.05.27)

4　參考維基百科；https://zh.wikipedia.org/wiki/%E5%93%81%E7%89%8C%E6%AC%8A%E7%9B%8A (2018.05.27)

5　參考Aaker (1991)；Tauber (1998)；Farquhar (1989)；Keller (1993)。

6　知覺品質是消費者對產品整體優越性的判斷（Zeithaml, 1988）(2018.05.27)。

7　參考自「Martin Margiela與Jenny Meirens離場後，種子依然遍地開花；https://mings.mpweekly.com/mings-fashion/20170513-48052/2」(2018.05.27)。

8　廣告詞，又稱廣告語，有廣義和狹義之分。廣義的廣告詞指透過各種傳播媒體和招貼形式向公眾介紹商品、文化、娛樂等服務內容的一種宣傳用語，包括廣告的標題和廣告的正文兩部分。狹義的廣告語則單指廣告的標題部分。所謂廣告詞，就是用一句話來描述產品性能，吸引觀眾心神，深化品牌形象；好的廣告語就是品牌的眼睛，對於人們理解品牌內涵，建立品牌忠誠都有不同尋常的意義。如今，隨著企業對品牌傳播的認可，廣告語已發展成為全民參與的創意產業！華人百科；https://www.itsfun.com.tw/廣告詞/wiki-962267-279917 (2018.05.27)。

PART 3

臺灣時尚產業概述

　　時尚產業是創意產業中的指標性產業，是一門源自於創意或文化累積，透過智慧財產的形成與運用，以創造財富與就業機會，進而促進整體生活環境提升的產業。依據經濟部（2009）定義之狹隘的「時尚產業」主要指服裝、鞋類、飾品與配件等。廣義的「時尚產業」還包括室內裝潢、家飾家具、美化妝保養品、美容服務、紡織、家電、3C產品、文具、古董、禮品、藝術品、健身器材、寵物等，以及如零售、會展諮詢、傳媒、出版、形象包裝等周邊產業。本書初步以狹隘的時尚產業發展概況，簡述如次。

一、臺灣產業的發展

　　臺灣經濟發展由開發中國家邁向已開發國家，各級產業相對的順序地位隨之轉變，這是經濟成長過程中的必然現象。臺灣經濟發展，自1951年以來，經歷各時期的產業結構變化；由早期以農業為主的經濟，進入目前以服務業為主的經濟時代[1]。臺灣產業的演變，自1979年至2000年，以貼牌生產或原始設備製造商（Original Equipment Manufacturer, OEM）[2]方式之生產製造業，掌握較低的製造成本，以及穩定的直接人工的優勢，是這個階段臺灣經濟發展之重要產業型態。2000年至2010年，以委託設計與製造或原始設計製造（Original Design Manufacture, ODM）[3]方式之研發管理，掌握既有的生產基礎，以及充沛的研發人才的優勢，為這個階段臺灣經濟發展之重要產業型態。2010年迄今，以自有品牌生產（Own Branding & Manufacturing, OBM）[4]及原創品牌設計（Original Brand Manufacture, OBM）方式之整合創新，掌握運用科技，以及整合資源的優勢，是這個階段臺灣經濟發展之重要產業型態。

　　未來臺灣產業發展方向，可掌握過去發展優勢；可結合產業製造基礎，由工業產品的製造者，融入創意、科技與人文的特質，善用美學與創意開創高附加價值產品，打造可提升國民生活品味的新型態產業網絡；應用臺灣在生活型態和創意上擁有較大的彈性與空間，轉型

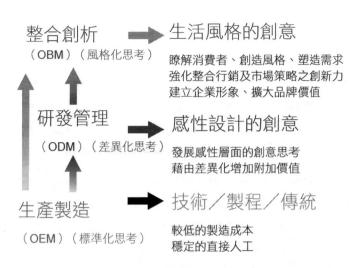

整合創析
（OBM）（風格化思考）

生活風格的創意

瞭解消費者、創造風格、塑造需求
強化整合行銷及市場策略之創新力
建立企業形象、擴大品牌價值

研發管理
（ODM）（差異化思考）

感性設計的創意

發展感性層面的創意思考
藉由差異化增加附加價值

生產製造
（OEM）（標準化思考）

技術／製程／傳統

較低的製造成本
穩定的直接人工

圖3-1　時尚產業之產業核心思考關係圖

成為生活產業的創新者，跳脫臺灣低價競爭的產業型態，加強與硬體服務結合的能力，建立臺灣品牌（Made In Taiwan, MIT）獨特風格。

二、臺灣流行時尚產業

依據2006年全國商業發展會議結論，「加速發展商業服務業，鼓勵研發創新」為政策聚焦的其中一項議題；該議題建議未來商業服務業能結合華人固有文化及臺灣獨特文化資產及技術，重新設計包裝，以現代社會可接受之方式呈現，創造流行新產品及流行時尚之新興商業經營業態（經濟部，2009）。經濟部（2009）定義「流行時尚產業」為凡從事以服裝或配套產品與服務為核心，且強調流行元素注入之資訊傳遞、設計、研發、製造與流通等行業均屬之。其中配套產品與服務包括皮件、珠寶、配件；資訊傳遞涵蓋出版、廣告、藝術娛樂模特兒經紀；流通涵蓋批發零售銷售、直銷、物流、行銷活動服務。逐漸為各界所重視的本土流行時尚產業，更成為政府扶植的重點產業。

2005年起，工業局、國貿局、地方政府與經濟部等單位乃委託紡研所（財團法人紡織產業綜合研究所，Taiwan Textile Research

Institute）、紡拓會（財團法人中華民國紡織業拓展會，Taiwan Textile Federation, R.O.C.）、外貿協會（中華民國對外貿易發展協會，Taiwan External Trade Development Council）、鞋技中心（財團法人鞋類暨運動休閒科技研發中心，Footwear & Recreation Technology Research Institute）、工研院（工業技術研究院，Industrial Technology Research Institute, ITRI）、台經院（臺灣經濟研究院，Taiwan Institute of Economic Research）等組織，應用政府資源輔助，將臺灣多元文化整合，協力推動本土流行時尚產業相關計畫。例如工業局（2005-2006）之「紡織與時尚設計開發與輔導計畫」，推動範圍包括人才培訓與資訊分享；經濟部（2008）之「時尚臺灣發展計畫」，推動範圍包括自創品牌、設計創新、聯合行銷等；國貿局（2006-2011）之「品牌臺灣發展計畫」，推動範圍包括發展自有品牌服飾及擴大中國市場通路等；工業局（2008）之「高質化時尚設計產業推動計畫」，推動範圍包括機能性產品開發、推動產品品牌與擴展通路等；工業局（2007-2011）之「紡織聚落產業產值成長計畫——時尚毛衣設計計術與行銷輔導」，針對製造業者進行轉型（研發與產品行銷）推廣；工業局（2008）之「高質化鞋品、袋包箱開發輔導計畫」，推動範圍包括產品設計與開發，以及流行資訊分析等；工業局（2007-2011）之「紡織聚落產業產值成長計畫——功能性鞋類／袋包類設計技術與行銷輔導」，推動範圍包括產品設計、機能性鞋材、行銷推廣等；經濟部（2009）之「流行時尚產業推動計畫」，研擬臺灣流行時尚產業發展政策；經濟部（2015）之「104年度時尚產業科技行銷應用計畫」，推動時尚產業科技加值應用；以及2006年，地方政府推動「金屬工藝設計、技能、行銷人才培育計畫——珠寶設計師扶植教育案」，針對鐘錶與珠寶產業，扶植人才培訓（設計、製作與行銷）等相關工作。

此外，2013年臺南市政府經濟發展局為強化產群聚對產業產生之效益，整合產、官、學、研單位資源，積極推動「臺灣流行時尚產業聯盟」（Formosa Fashion Industry Alliance, FFIA）的成立；初期主要協助臺南在地流行時尚產業發展，臺南曾經是製鞋、紡織業、製造

業重鎮，經由規劃設計與推動計畫發展適合臺南之流行時尚產業，以期協助建構臺灣獨特流行時尚產業的深根。為活絡聯盟能量，除了定期舉辦產業新知、交流研討會外，期望藉由異業參訪活動，協助聯盟廠商更加瞭解相關產業發展現況，建立企業間互動交流合作的平台。「臺灣流行時尚產業聯盟」計畫從「創意與文化累積，融於生活所需之商品」、「配合流行時尚所需，發展出的時尚設計產業」、「結合人文及科技，同時兼顧文化累積」等三個概念，擬訂流行時尚之發展與推動策略、執行方向與步驟，長遠目標為發展出具備獨特的臺灣在地文化特色之流行時尚生活產業，建立臺灣在流行時尚的國際地位。

　　臺灣政府推動相關計畫，帶領產業界，將臺灣多元文化與資源整合，奠基過去製造業精良技術，研發新產品、新創作、新技術、新趨勢與行銷策略等創新整體發展模式，透過各種展演形式及育成能量，提升本土多元文化流行時尚產業；以文化創意行銷臺灣，建立臺灣流行時尚品牌。近年來，大專技職學校開設文化創意產業、時尚造形設計、文創與時尚產業經營管理等相關科系與課程，以推動跨域整合之時尚產業人才培育為目標，提升新血創作，扶助產業媒合創意人才，讓既有傳統產業注入新的創意轉型契機，以符合時代產業發展趨勢；因為，時尚產業已逐漸成為當今最具影響力與發展潛力的跨域整合產業之一。

三、臺灣流行時尚產業的發展願景

　　自2002年行政院「挑戰2008國家發展重點計畫」將文化創意產業列為國家重點政策後，臺灣文化創意產業發展已超過十五個年頭。文化創意產業的發展推動過程激勵民間活力，培育更具創意思考的年輕人才，為臺灣社會與生活型態提供多元的品味與面貌。新一代的設計思維不再侷限於在造型、功能的角度，講究個性化與故事主題的創意設計，成為商品設計的終極目標，「說故事」、「趣味性」、「跨域整合」、「多元化」等概念，成為時尚產業重要的行銷養分。

　　透過文化創意產業發展相關政策的推動，如今，臺灣的每一個城鎮，除了市中心商業區百貨林立的精品大道，人們亦可隨性遊走在創意不斷的小店家，體驗令人驚喜的巷弄文化；老舊建物的翻新，配合創意商品的展售與活動配套，打造臺灣時尚產業地圖，並提供年輕一代不斷推陳出新的時尚展演舞台。

　　臺灣產業之生產廠商規模以中小企業居多，未來政府輔導政策可加強整體企業行銷資訊系統建置與長期應用規劃，並進行流行時尚消費者研究與分析，協助臺灣品牌形塑與通路建構，提供產業價值網絡平台，舉辦流行時尚展演活動與設計競賽，主題館建置與應用，整合多元傳遞模式與支援服務網絡規劃，持續培育流行時尚產業人才等措施。時尚產業的成功不僅需要優秀的產品，更需要縝密的行銷規劃與經營管理配套。因此，臺灣時尚教育應該多元化、分工化、跨域整合化；在設計方面，不侷限於服裝設計，例如配件設計、鞋包設計、印花設計、織品設計、飾品設計等都可涵蓋，尤其對於色彩的掌握度仍然需要提升，臺灣多元族群與地方文化可以成為設計的靈感與養分。同時，須重視行銷企劃、經營管理、展演規劃、流通運籌等經營人才培育；負責協助公關、商務及市場行銷，才能夠發揮整體產業的推動能力。此外，臺灣時尚產業普遍欠缺國際觀、國際市場洞悉力，其實現在網路資訊發達，資訊可從網路上快速取得。總之，臺灣產業形象良好，具備優良的製造業技術基礎，加上資通訊應用與供應鏈模式成熟，如何善用既有產業環境條件，建立流行時尚市集、匯聚國內廠商，吸引國外品牌與採購業者，打造華人生活型態精緻場域，是臺灣流行時尚產業發展重要課題與契機。

　　「臺灣流行時尚產業聯盟」於2013年成立，整合產、官、學、研資源，建構資訊交流機制與平台，推動臺灣流行時尚產業相關活動不遺餘力；該產業聯盟模式可作為推動臺灣時尚產業發展的整合平台。本書參考「臺灣流行時尚產業聯盟」所提出對於臺灣流行時尚產業發展的目標及願景，期能建立臺灣流行時尚產業發展方向推動之共識，接軌大專院校人才培育系統機制；說明如次。

(一)計畫目標（Mission）

1. 培育育才中心，創作場域建置，扶助產業媒合創意人才，提升新血創作讓既有傳統產業注入新的創意轉型契機。
2. 建構副料集散地，透過「大宗集中」，並將地區特色透過「創新」加值「設計」，推動未來流行創新趨勢。
3. 時尚舞台，建構流行時尚業界人士展現才華、互相交流的平台，推動未來流行創新趨勢。

(二)願景（Vision）

1. 以臺灣的條件，所謂「臺灣文化」是對這一群人的存在方式的描述，以此宗旨協助臺灣元素轉化成具「美學」與「時尚」的養分，讓「臺灣文化」得以發光發熱於世界。
2. 將臺灣工藝技術重新尋回，彌補現狀斷層的裂縫，尤其鼓勵年輕人投入，需要政府與業界的共同努力，由教育到實作，再創臺灣工藝之美。
3. 促進臺灣各地特有的生活態度，模式加以擴大成一種流行品味，並藉此機會使一些具特色的老場域再生，形成新舊交織的臺灣在地生活的建議。
4. 揉入其他文化，擴大中華文化氛圍成為新的元素，區別臺灣本土文化與中國大陸的中國文化。
5. 促進臺灣各縣市文化產業的結合與包裝，並在未來與各種其他產業的跨領域合作，創造共榮的新局面。

注　釋

1 國家經濟的發展過程，一般最初經濟是以農業為主，稱之為初級經濟時期（Primary Economy），隨著國民所得水準的提高，屬於生活必需品的農產品消費比重下降，奢侈品的消費比重逐漸上升，產業結構便因此產生了變化；其次是工業經濟時期（Industrial Economy），經濟以工業為主；最後進入以服務業為主的服務性經濟時期（Servicing Economy），即所謂的後工業化經濟時期（After Industrial Economy）。

2 OEM原指由採購方提供設備和技術，由製造方提供人力和場地，採購方負責銷售，製造方負責生產的一種現代流行的生產方式。但是，目前大多採用由採購方提供品牌和授權，由製造方生產貼有該品牌產品的方式。智庫百科；http://wiki.mbalib.com/zh-tw/OEM (2018.05.27)。

3 ODM是指由採購方委託製造方，由製造方從設計到生產一手包辦，由採購方負責銷售的生產方式，採購方通常會授權其品牌，允許製造方生產貼有該品牌的產品。智庫百科；http://wiki.mbalib.com/zh-tw/ODM (2018.05.27)。

4 OBM是指自有品牌生產亦作原創品牌設計，即生產商自行建立自有品牌，以此品牌行銷市場的作法。由設計、採購、生產到販售皆由單一公司獨立完成，或者管理外判。智庫百科；http://wiki.mbalib.com/wiki/OBM。

PART 4

二十世紀時尚潮流一百年

　　「時尚」是某一個時期的社會流行風氣，是一種社會現象的展現，受到社會變革、經濟興衰、宗教習俗、地理環境、文化水準、政治因素等影響，展現出時代的精神與生活態度。「時尚設計」一詞源於19世紀，專門指服裝（Clothing）與配飾（Accessories）的設計。依據經濟部（2009）對於時尚產業的狹隘定義，範圍不侷限於衣服，更包含鞋子、髮型、化妝、配件等。

　　20世紀的西方世界是個令人著迷的時代，經濟迅速發展提升生活品質與變化；新的科技產品推陳出新、汽車開始大量生產、爵士樂、搖滾樂等新藝術方式興起，影響時尚潮流出現前所未有的精緻、華麗、多樣性與創意。學理將西方近、現代服裝設計發展，歸納為三個發展階段。第一階段為19世紀中期至20世紀50年代，屬於個體設計師領導潮流的階段，代表人物有克里斯汀・迪奧（Christian Dior）、可可・香奈兒（Coco Chanel）、皮爾・巴爾曼（Pierre Balmain）、保羅・波列（Paul Poiret）等；第二階段為20世紀60年代至90年代，屬於設計師群體引領流行階段，代表人物有薇薇安・魏斯伍德（Vivienne Westwood）、喬治・亞曼尼（Giorgio Armani）、皮爾・卡登（Pierre Cardin）等；第三階段為21世紀以後，屬於大眾與設計師共同引領時尚階段。每個時期的流行時尚皆有不同的變化，其中，最明顯的便是服裝樣式的轉變，形成當代的時尚潮流。據此，本章以服裝樣式的轉變為重點，說明時尚設計進入20世紀的一百年當中，歐美精彩的時尚潮流剪影，與期間影響時尚潮流的知名設計師及其經典的設計風格與作品。自19世紀以來，各國才華出眾的設計師與服裝師萃聚巴黎，紛紛成立公司施展才華，許多服裝設計師受到時尚大師前輩影響，前仆後繼到巴黎洗禮或發表作品，更豐厚「時尚之都」巴黎引領時尚潮流的影響力。

　　法國高級服飾今日的輝煌，自然與歷代才藝超絕的服裝設計師所做的貢獻是分不開的。

一、1900年以前：皇宮貴族引領時尚潮流

　　20世紀建立時尚品牌的一百年之前，不得不提及18世紀法國女皇瑪麗・安東尼（Marie Antoinette, 1755-1793）的服裝設計師羅絲・貝爾丹（Rose Bertin, 1747-1813）[1]，是當時知名的服裝設計師，擁有「時尚大使」美名，羅絲・貝爾丹在巴黎開設服飾設計專賣店，其設計概念影響後來的「巴黎風格」（Paris Style），以及19世紀的英國維多利亞女皇所引領的維多利亞風格[2]。

↖擁有「時尚大使」美名的羅絲・貝爾丹
資料來源：https://en.wikipedia.org/wiki/Rose_Bertin#/media/File:Rose_Bertin_Trinquesse.png (2018.07.31)

↗羅絲・貝爾丹為瑪莉皇后設計的服裝
資料來源：http://thefemin.com/2018/02/marie-antoinette/ (2018.07.31)

←維多莉亞女王（Alexandrina Victoria, 1819-1901）
資料來源：https://zh.wikipedia.org/wiki/%E7%BB%B4%E5%A4%9A%E5%88%A9%E4%BA%9A_(%E8%8B%B1%E5%9B%BD%E5%90%9B%E4%B8%BB)#/media/File:Coronation_portrait_of_Queen_Victoria_-_Hayter_1838.jpg (2018.08.01)

　　影響20世紀時尚潮流的重要服裝設計師，還包括19世紀中葉，被譽為「時裝之父」（The Father of Haute Couture）的英國設計師查爾斯‧佛雷德里克‧沃斯（Charles Frederick Worth, 1825-1895）。1858年，查爾斯‧沃斯在巴黎經營專為貴族及中產階級訂製服裝的高級裁縫店；選材奢華，設計風格呈現女人的嬌豔華麗，帶動法國紡織業及服裝業的發展，開啟當代的時尚潮流。查爾斯‧沃斯定位的高級時裝（Haute Couture），不僅是對縫紉藝術的研究，且是為裝扮每一位婦女所完成的創造及裝飾的藝術。查爾斯‧沃斯的全盛時期，S體型、長裙、羽毛帽飾是流行趨勢，束腹具備必然的重要性。查爾斯‧沃斯是最早將裁縫工作從宮廷、豪宅帶入社會，並自行設計、行銷的裁縫師，是第一位將設計、製版、縫製等眾多才能集於一身的優秀設計師，是第一位將標籤繡在服飾設計上，也是當時第一位應用真人模特兒展示服裝的設計師。

被譽為「時裝之父」的英國設計師查爾斯‧佛雷德里克‧沃斯
資料來源：Wikipedia, the free encyclopedia；
https://en.wikipedia.org/wiki/Charles_Frederick_Worth (2018.07.31)

　　此後，隨著經濟發展，中產階級累積大量財富，時尚產業也從皇宮貴族城堡中飛入了大眾百姓家。20世紀初最有名的服裝設計師都聚集在法國巴黎，其次是倫敦；全世界的時尚買家都到巴黎觀賞時尚秀，將購買成品或觀賞到的服飾設計觀念，加以模仿學習[3]。如今，巴黎、米蘭、紐約、倫敦、東京成為世界五大時尚之都，每年舉辦的時裝週引領著全球時尚潮流，影響著世界各角落人們的日常生活。

　　1890-1914年女性服裝仍以強調「S-bend」（亦稱S-shaped）的線條，女子的側面呈現出「前凸後翹」優美的輪廓。為了達到這種曲

1822年巴黎的製帽店

資料來源：https://zh.wikipedia.org/zh-tw/帽子#/media/File:1822-Millinery-shop-Paris-Chalon.jpg (2018.07.31)

線，強調「浪漫、女性化、裝飾性」的優雅造型，女性必須穿著成「S」型、硬挺的「束腹」（又稱緊身胸衣、馬甲）（Corset）。1880年代後，上流女性之間盛行各種體育運動，出現各式的運動衣；19世紀末，女性要求參與社會活動的聲浪越來越高，自文藝復興時代以來強調緊身胸衣的女裝造型，明顯妨礙女性的日常活動，而產生對於女性服裝設計改革的呼聲。這種消費者需求與女性「身體解放」理念的影響，引導服裝界設計出既能強調女性體型的優美線條，且能符合時代演變的反思；當時猶如「服裝設計革命」的改革，為時尚潮流的精彩與多樣化趨勢提供珍貴的養分，並推波助瀾現代時裝的發展浪潮。

此時期的男裝樸素而實用，發展成穩定的三件套形式，確立男性依據用途穿衣的習慣。

強調「浪漫、女性化、裝飾性」優雅造型的「S-bend服裝」

資料來源：http://franklovesfashion.blogspot.com/2012_11_01_archive.html (2018.07.31)

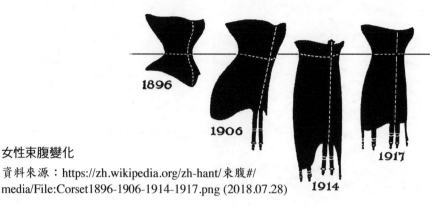

女性束腹變化

資料來源：https://zh.wikipedia.org/zh-hant/束腹#/
media/File:Corset1896-1906-1914-1917.png (2018.07.28)

二、1900年代：新藝術運動[4]興起與美好年代[5]的延續、現代西裝的誕生

19世紀末至20世紀初，歐洲資本主義從自由競爭時代向壟斷資本主義發展；此時期的轉換期，英、法、德的藝術領域出現否定傳統造型樣式的運動，稱為「新藝術運動」（Art Nouveau）。美好年代（Belle Époque）是歐洲社會史上的一段時期，從19世紀末開始，至第一次世界大戰爆發而結束。美好年代是後人對此一時代的回顧，這個時期被上流階級認為是一個「黃金時代」，此時的歐洲處於相對和平的時期，隨著資本主義及工業革命的發展，科學技術日新月異，歐洲的文化、藝術及生活方式等都在這個時期發展日臻成熟。此時期約與英國的維多利亞時代後期及愛德華時代相互重疊。此時期新藝術運動的影響力強大，汽車及電力發展對藝術家有一定的影響力；同時人權意識也越來越強。

1900年，第一次世界大戰尚未爆發，依循19世紀末女性服裝前凸後翹的輪廓美，20世紀初仍盛行以流暢的S-bend線條作為服裝設計的設計美學；女性穿著束胸、裙撐與累贅搖曳的裙襬。當時的時尚觀念充滿著不切實際的華麗，女性身體、靈魂都受到束縛。

時尚女性的打扮類似查爾斯‧佛雷德里克‧沃斯的全盛時期，不同於19世紀的是配飾（Trimmings）搭配。1900年代末期，束腹變得更加挺直纖細。另外，新藝術主義的興起，對服裝樣式也產生顯著

的影響；例如以S-bend的服裝體態輪廓美、裝飾性曲線造型、充滿柔性華麗具浪漫色彩的配飾，取材於自然界的波狀、藤蔓般流暢的線條造型；以及寬大、誇張、奢華的女帽。這種風格在第一次世界大戰之前，成為女性服飾審美價值中最重要的主流。

「S-bend女性美」流行超過二十年（1890-1914年），整個外型變成纖細、優美、流暢的「S」體形（Curvaceous S-bend Silhouette）；局部造型則出現「三角巾式裙子」（Gore Skirt）及「羊蹄袖」（Gigot Sleeve）兩種特色。

20世紀初期的十來年，西方社會財富豐富、社會穩定，大西洋兩岸的產業興旺，此時期通常稱為「美好年代」。在時尚潮流中，比以前更加強調奇異的羽毛或皮草，高級時裝（Haute Couture）開始在巴黎出現；這時上流社會社交活動頻繁，女性出席社交活動，對於時裝趨勢與各種不同場合的著裝規矩愈加講究。因應女性服裝樣式與造型的需求，1900～1909年期間，女性服裝產生革命性的改變，造就保羅・波烈（Paul Poiret）、金娜・帕康（Jeanne Paquin）等領航服裝設計大師，開啟時尚設計美學的扉頁。當時賈克・杜塞（Jacques Doucet, 1853-1929）[6]高貴典雅的設計原則在當時仍具有相當大的市場。

20世紀初的西裝顯得笨重而單調，款式與現代西裝大同小異，西服生產侷限於裁縫店訂製，當時公認最出色的裁縫在英國與義大利。

此外，1905年俄羅斯在日俄戰爭（1904-1905）中被日本擊敗，西方國家為之震驚，因而開始關注東方各國的文化，啟發當時服裝設計師的設計靈感。

改變時尚潮流的設計師

◆「時尚天王」法國設計師保羅・波烈──解放女性封腰

西方服裝史學家稱保羅・波烈（Paul Poiret, 1879-1944）為「簡化造型的20世紀第一人」。保羅・波烈對服裝喜用鮮明、強烈的色彩，常用大紅、大綠、紫色、青蓮、橙色等顏色，這是東方色彩的特點。

1900年代

◎代表服裝（女）

S線條、馬甲（胸衣的重要作用）、帽子流行，1907年後漸趨緩。1914年左右，女性服裝拋棄束腹轉變為直線型（H Line）設計，胸衣變長，裙襬開始離開地面，露出鞋子。

◎代表造型（女）

梳髮、重點在頂部區做變化。簡單的氈帽（Felt Hats）、女用頭巾（Turbans）、披紗

1900年代女性服裝
資料來源：http://www.360doc.com/content/16/1001/08/13477377_595034438.shtml (2018.08.01)

（Clouds of Tulle）等，開始取代當時流行的頭飾造型（Head Gear Style）。

◎代表風格（女）

維多利亞風格[7]；在服裝上的特色是使用蕾絲、荷葉邊、立領、蝴蝶結、高腰、抓皺等，喜歡對所有樣式的裝飾元素進行自由組合。

◎代表服裝（男）

流行三件式西服套裝（Three-piece Suit），襯衫、短背心（西服馬甲）、西裝外套，加上領帶、西裝褲。

◎代表特徵（男）

鬍子及鬢角兩邊做變化。

◉代表風格（男）

Dandy風格[8]（貴公子形象），以及風格輕鬆隨意、輕便活潑，有著當時特有風情的西服套裝。

1901年穿著弗瑞克外套（Frock Coat）的愛德華七世

資料來源：http://fashion.163.com/13/0717/06/93VCPAII00264MP0_all.html (2018.08.01)

保羅·波烈被認為是世界上第一位時裝設計師

資料來源：https://en.wikipedia.org/wiki/Paul_Poiret#/media/File:Paulpoiret.jpg (2018.07.31)

保羅·波烈是法國時裝潮流的先驅，開創20世紀時尚潮流。保羅·波烈透過放鬆腰封的束縛及摒棄多層襯裙，為現代女裝帶來大革新。

保羅·波烈掀起東方主義浪潮，將日本、俄羅斯、中國及印度的服飾元素，與古希臘及古羅馬經典的織物元素融合。

為了將女性的身體從高級訂製服中釋放出來，保羅·波烈當時叛離自己的師傅；其一為賈克·杜塞，另一為經營「沃斯之家」、繼承父親查爾斯·沃斯（Charles Worth）衣缽的沃斯兄弟（Gaston & Jean Worth）。保羅·波烈設計一款筆直的連身洋裝，從肩膀直墜地面。這款受到當時風起雲湧的現代藝術所影響的嶄新設計既時髦又優雅，是高級女裝界從未有過的時裝風貌，卻被其師傅尚·沃斯（Jean Worth）嘲笑：「這也叫衣服？」於是，在1904年，保羅·波烈離開師傅，開設自己的店。保羅·波烈的時尚風格迅速席捲巴黎，叛逆不馴的女人

保羅‧波烈與模特兒

資料來源：Rue 58, http://extra.rue58.com/detail?
id=1003650 (2018.06.04)

紛紛拋開高級訂製服，湧入保羅‧波烈的店裡；穿上保羅‧波烈設計的洋裝，跟著保羅‧波烈走上街頭，在巴黎街道上展開保羅‧波烈時裝秀。甚至連舞台天后莎拉‧柏哈特（Sarah Bernhardt）都難以抵抗保羅‧波烈時尚的魅力。保羅‧波烈一款款絲質的墜地連身洋裝，成為當時女人的叛逆印記；穿著保羅‧波烈洋裝的女人在鏡頭前展現狂野不馴的姿態[9]。

保羅‧波烈於1903年在歐貝大街5號（5 rue Auber）開設時裝店，

Parfums de Rosine香水

資料來源：https://agnautacouture.files.
wordpress.com/2014/03/83932_lg1.jpg
(2018.06.04)

1904年發起封腰改革，廢棄緊身胸衣、主張解除腰部的束縛，讓胸部返回原來位置，發表的禮服，一改以腰圍線為支點的緊身衣款式風格，將支點提高至肩部，保羅‧波烈設計的直身裙，將女性從腰封中解放出來；並發明胸罩（Bra）[10]。展現輕鬆感；保羅‧波烈並推出第一件不需女僕幫忙便能穿著的女性全套套裝，受到時裝界的注目，奠定20世紀的流行基調。1908年保羅‧波烈成立營業部、發送部、成衣部等部門組織現代化，並創立以長女荷西妮

（Rosine）命名的香水（Parfums de Rosine）與化妝品公司，以及以次女瑪汀妮（Martine）命名的裝飾藝術公司。

◆「帕康夫人」金娜・帕康

　　「帕康夫人」金娜・帕康（Jeanne Paquin, 1869-1936）作品特色充滿朝氣，是「高雅」的代名詞。1891年創立「帕康店」，由擅於經營的銀行家丈夫協助，將顧客層擴大到高級社交界以外，經營方針是一種創新，也是其成功的奧秘。此外，帕康夫婦經營方式包括在海外開分店、應用畫家的協助將自己的作品畫成速寫、出版作品集《帕康的扇子與毛皮》，以及打開體育賽場上的廣告先例、以本人形象擔任模特兒；帕康不算引領潮流、才華出眾，其成功之處在於對「流行」及時地做出反映。

↑金娜・帕康（通稱「帕康夫人」）

資料來源：https://en.wikipedia.org/wiki/Jeanne_Paquin#/media/File:Madame_Paquin,_c.1915.png (2018.07.31)

↗1903年金娜・帕康設計的衣服

資料來源：https://en.wikipedia.org/wiki/Jeanne_Paquin#/media/File:Chinchilla_stole_and_muff,_Paquin,_1903.jpg (2018.06.04)

1900年代紀事	
1901	諾貝爾獎正式創立。
	維多利亞女王去逝。
1902	以植物流線狀設計成S型的婦女服（豐胸束腰的輪廓）。
1903	保羅·波烈於在歐貝大街5號開設時裝店。
1904（-1905）	日俄戰爭爆發；西方開始關注東方文化。
1904	保羅·波烈透過直線型輪廓（H Line）的服裝設計，表達腰身不再只是女性魅力的唯一存在，將女性身體從束腹的束縛中解放出來。
1906	保羅·波烈為懷孕的妻子設計不束腰的衣服，設計以胸罩強調基本體形的服裝，將原來放在腰部的支點移到肩膀上，形成整體的造型的流暢線條。
1908	拖曳裙消失。
	保羅·波烈成立營業部、發送部、成衣部等部門組織現代化，並創立以長女荷西妮（Rosine）命名的香水（Parfums de Rosine）與化妝品公司，以及以次女瑪汀妮（Martine）命名的裝飾藝術公司。

三、1910年代：東方主義浪潮與變革時代（第一次世界大戰開始）、戰亂矜持與黯淡哀愁

　　1910年以後，社會充斥期待新轉變的氛圍，西方的政治經濟與文化，儼然進入另一個截然不同的階段。1910年代新藝術主義時興、第一代服裝設計師崛起、第一次世界大戰爆發，影響這個年代的女性觀念，鼓勵新的女性勇於嘗試與創新。1914年第一次世界大戰爆發，歷時四年，帶來戰亂的氣氛，深色成為主流，裙襬開始高於腳踝；在這之後女性的服飾風格發生巨變。這個時期女性想掙脫傳統束縛，女性沙漏形服裝退出歷史舞台，不再講究「S-bend」線條，不再凸顯胸部，女性開始嘗試穿長褲上街；時裝大幅轉變，輕鬆自然的服裝正符合當時女權運動下的女性思維。

　　男士服飾方面，在20世紀初時，男裝的流行仍屬單調，除了維持塑造男裝為「方正挺拔、威武莊嚴、堅定不移」的形象；此外就是俗稱的「穿著如藝術家一般」的風格。

1910年代

⊙代表服裝（女）

棄用腰封，繃緊的緊身上衣和鐘形裙子日漸式微，裙子多採用柔軟的布料，裙腳則變得較窄；服裝變得較為休閒。女性穿著表現優雅的「窄底裙」（又稱蹣跚裙，Hobble Skirt）[11]。與毛衫款式相近的樽領緊身、V領毛衫、開襟毛衫及外套成為時尚標誌。

1914年英國皇家Ascot賽馬會，同時出現女性穿裙撐沙漏式大裙襬及下襬狹窄的窄底裙的新舊兩種潮流

資料來源：https://kknews.cc/zh-cn/fashion/qbe3j88.html
(2018.06.04)

⊙代表造型（女）

儘管已邁入新世紀，維多利亞時代純真浪漫特質，仍舊深深影響當代女性，例如浮雲般的蓬鬆捲髮。這個時期出現更誇張的大帽子。

⊙代表風格（女）

俄羅斯芭蕾舞團成為當時的潮流指標「巴克斯特」（Bakst）[12]風

1911年女性帽子

資料來源：https://zh.wikipedia.org/zh-tw/帽子#/media/File:Mode._Hattar._Modeplansch_fr%C3%A5n_1911_-_Nordiska_Museet_-_NMA.0033994.jpg (2018.06.04)

格。舞蹈員服飾顏色豐富亮麗且外型獨特。

◉代表服裝（男）

男士仍是趨向固定化、標準化特質。主要是西裝外套、短背心、襯衫、領帶、西裝褲為標準組合。

◉代表特徵（男）

主要塑造男裝為「方正挺拔、威武莊嚴、堅定不移」的形象，一直持續到20世紀中期。

改變時尚潮流的設計師

◆「時尚天王」法國設計師保羅・波烈──首次舉辦時裝表演的設計師

保羅・波烈（Paul Poiret, 1879-1944，法國設計師）掀起東方主義浪潮，將日本、俄羅斯、中國及印度的服飾元素，與古希臘及古羅馬

經典的織物元素融合，創新服裝設計的概念。1910年保羅‧波烈設計寬鬆腰身、膝部以下收緊的窄底裙（又稱蹣跚裙，Hobble Skirt），裙子雅致迷人，裙腳極窄，束縛帶繫在腳踝，類似於日本的藝妓服飾，打破服裝設計的新常規；帶領新世紀女裝設計重點朝向腿部轉移。

　　保羅‧波烈是第一位著手立體剪裁而非較傳統的裁剪和束身衣的女裝設計師[13]；保羅‧波烈將婦女從緊身胸衣裡解放，保羅‧波烈的設計不讓腰部承受鋼絲架的重量，使緊裹腰身的做法變得不再必要。立體剪裁解放的不僅是婦女，也解放設計師；讓保羅‧波烈能發展自己的革新，並最終成為其招牌「和服式外套」、「燈罩式裙」以及「窄底裙」。

保羅‧波烈服裝設計手稿

資料來源：http://agnautacouture.com/2014/04/06/paul-poiret-le-magnifique-part-2/ (2018.06.04)

　　保羅‧波烈可算是史上首次舉辦時裝表演的設計師；定期與模特兒環遊世界各地展出新裝；保羅‧波烈曾展示女性運動裝、靈感來自和服的異國風情服裝及高腰裙等。並在渡假區開設時裝店，為正在度假的達官名流設計新裝。

　　保羅‧波烈創立以長女荷西妮命名的香水與化妝品公司，以及以次女瑪汀妮命名的裝飾藝術公司，是第一位將家具、香水與室服裝結

合為「一整套生活方式」（The First Total Lifestyle）概念的服裝設計師。

攝影師愛德華・斯泰肯（Edward Steichen）因拍攝保羅・波烈為其妻丹尼絲・波烈（Denise Poiret）設計製作的禮服系列，並於1911年4月刊登於《藝術與裝飾雜誌》（*Art et Décoration Magazine*），該系列照片被視為是有史以來第一次的現代時尚攝影；愛德華・斯泰肯透過攝影方式，推動時尚成為藝術（Fine Art）。

↖1911年波烈的設計坊（Poiret's House）
資料來源：https://agnautacouture.com/2014/04/06/
paul-poiret-le-magnifique-part-2/ (2018.06.03)

↗保羅・波烈為「一千零一夜」表演所設計製作的服裝
資料來源：https://agnautacouture.files.wordpress.
com/2014/03/058m.jpg (2018.06.04)

←尼絲與保羅・波烈在「一千零一夜」的服裝
資料來源：https://agnautacouture.files.wordpress.
com/2014/03/058m.jpg (2018.06.04)

↑攝影師愛德華·斯泰肯因拍攝保羅·波烈為其妻丹尼絲·波烈設計製作的禮
服系列，並於1911年4月刊登於《藝術與裝飾雜誌》

資料來源：https://agnautacouture.files.wordpress.com/2014/03/lart-de-la-robe-paul-poiret-1911j.jpg (2018.06.04)

↗和式外套。攝影師愛德華·斯泰肯因拍攝保羅·波烈為其妻丹尼絲·波烈設
計製作的禮服系列，並於1911年4月刊登於《藝術與裝飾雜誌》

資料來源：https://image.glamourdaze.com/2014/02/LArt-de-la-Robe-Paul-Poiret-1911b.jpg (2018.06.04)

◆「法國時尚之母」可可·香奈兒──自由吧！女人！

　　可可·香奈兒（Coco Chanel, 1883-1971，法國設計師）[14]對女性
傳統束縛之苦感同身受，率先剪去長髮，穿著男性化的女裝，引領
解放女性身體與心靈的流行趨勢。第一次大戰期間（1913）可可·
香奈兒在多維爾（Deauville）開設第二間店，製作第一件羊毛針織衫
（Wool Jersey），當時在法國還沒有人應用針織布製作衣服，這樣的
創新設計廣受女性歡迎，解放整個世紀的女性身體，展露可可·香奈
兒在服裝界勇於創新的才華與企圖心。

　　保羅·波烈的成功，並沒有消長可可·香奈兒的決心。在保羅·

波烈時尚占領巴黎將近十年之後，可可·香奈兒要女人更輕盈、更優雅、更自由。早期可可·香奈兒透過不起眼的硬草帽掀起一場女帽革命，可可·香奈兒這次使用向來只有水手在穿，只用來作為內衣而非外衣，從來不曾納入高級女裝中的針織衣料，寫下時尚傳奇的扉頁[15]。

在1913年的夏日午後，可可·香奈兒設計的針織套裝，迅速征服多維爾的夏日女人。保羅·波烈的洋裝再美再優雅，垂墜至地的長度仍然束縛女人的雙腿，羽毛裝飾在夏日中也顯得厚重累贅。這時，可可·香奈兒將裙子改短，以柔軟的針織布取代絲質布料，穿著自己一手打造出的素色針織套裝，在多維爾輕盈遊走，以如此平凡卻自由的姿態吸引女人的目光。可可·香奈兒的針織套裝再次解放女人的身體，再次翻轉廉價布料的既有意義。於是硬草帽不再被屏棄，針織布料也不再代表俗氣。受到夏日召喚的女人，換上可可·香奈兒的針織套裝，戴上可可·香奈兒以絲巾優雅點綴的硬草帽，盡情飛舞奔跑在多維爾[16]。

1913年可可·香奈兒與情人亞瑟·卡伯、艾提安·巴桑於CHANEL多維爾時裝店前合影
資料來源：Rue 58, http://extra.rue58.com/detail?id=1003650 (2018.06.04)

CHANEL總店位於法國巴黎康朋街31號
資料來源：https://popbee.com/image/2016/06/12-surprising-facts-you-probably-didnt-know-about-chanel_01.jpg (2018.06.04)

1910年代紀事	
	裙長提高露出鞋尖。
	巴黎時裝週首次舉辦。
	保羅‧波烈設計寬鬆腰身、膝部以下收緊的窄底裙（又稱蹣跚裙，Hobble Skirt），帶領新世紀女裝設計重點朝向腿部轉移。
1910	傑尼亞（Ermenegildo Zegna）發現市場對高檔面料的潛在需要，在比耶拉阿爾卑斯山（Biella Apls）地區的特里維羅市（Trivero）建立毛紡廠，從澳大利亞及南非採購原材料，從英國進口紡織機械。
	可可‧香奈兒在巴黎康朋街21號，開設「Chanel Modes」的女帽店。
	可可‧香奈兒推出女性運動休閒服。
1913	可可‧香奈兒製作第一件羊毛針織衫。
	PRADA在義大利米蘭市中心創立第一家精品店。
	CHANEL推出泳裝。影響後世深遠的品牌「CHANEL」正式宣告誕生。
1914	美國瑪麗‧菲兒普斯‧雅各（Mary Phelps Jacob, 1891-1970）開發出罩杯式的女性內衣。
1914（-1918）	第一次世界大戰爆發，男人都去打仗，婦女長期從事各種工作，習慣穿制服長褲；因此婦女服裝著重樸實、偏重機能性。女性選擇穿融合男裝外觀特性的短直長外套。

1914年美國瑪麗‧菲兒普斯‧雅各開發出罩杯式的女性內衣

資料來源：http://blog.catherinejane.net/wp-content/uploads/2017/06/caresse-crosby-mary-phelps-jacob-first-bra.jpg (2018.06.04)

四、1920年代——裝飾藝術與爵士時代——摩登新穎、釋放自我、擺脫束縛的劃時代風尚

　　此時期的社會潮流，影響時服裝設計師所設計的線條，例如「工業運動」、「理性主義」、「啟蒙運動」、「功能主義」等；西方世界出現以「現代設計」為特質的精神，影響思想、文化、經濟、藝術、設計及政治等社會各層面。藝術與設計觀念趨向「純粹、俐落、明晰、次序」的「幾何造型風格」、「機械風格」、「抽象風格」、「功能主義風格」等價值觀，並應用於服裝線條、織品的設計。在「現代主義」[17]的影響下，歐美地區開始發展出裝飾藝術（Art Deco）[18]的風格，這種風格一直延續至1930年代。

　　1920年代的時尚潮流由「傳統」與「前衛」的對立面融合而成，此時正值一戰結束；戰後男性人口驟減，職業化的新女性湧現，女性意識覺醒，歐洲女性獲得選舉的權利；新女性拋開過去的束縛，隨爵士樂強烈的節奏瘋狂起舞，是個「摩登時代」。女性完全掙脫束縛，反傳統剪短頭髮，抽起香菸，甚至嘗試以往只有男人才有的活動，例如開飛機、打網球、滑雪等；這群新女性帶動當代的時尚潮流，開始採用男性帥氣的裝扮。由於受到來自藝術與設計界現代精神的影響，以及第一次世界大戰之後社會的變革，布料是奢侈之物，加上女性意識的抬頭，使得女性在服飾款式上，開始追求「俐落、直線、簡潔」的審美概念，輪廓轉以「不強調曲線變化、不強調纖細腰身、不強調拘束線條」的長條形輪廓為主流。女性不懼任何目光，穿著露出秀美小腿與及膝長度的裙裝，這是女裝史上巨大轉變；「古典」與「現代」的分水嶺展現在縮短的精緻裙襬。奔放、華麗、迷醉、美麗而摩登的1920年代，帶給女性的，不僅是服飾妝容上的變革，更是從靈魂上的澈底釋放。

　　「藝術」是這個時代的關鍵詞，而時尚的發展，將藝術帶入向傳統挑戰的方向，人們試著拉近藝術與生活的關係，試著模糊精緻藝術與實用藝術的關係。於是一些受到啟發的時裝設計師開始將「奢侈」

與「實穿」進行「混搭」；拋棄陳舊的設計，將逐漸富裕起來的生活態度，化為「精緻」與「優雅」附著於時裝上，將「刻板」、「正統」轉為「自由」、「釋放自我」[19]。

1920年代引領風騷的可可・香奈兒，剪一頭短髮，服裝發展表現明顯的機能性與輕便性，強調瘦細及合理單純的線條，推出無束腹、線條寬鬆簡單的直筒低腰連身裙（Flapper Dress），或是在女裝款式上使用男裝的布料；帶動女性追求「苗條、年輕、自由、簡潔、自主」的形象。鐘型帽（Cloche Hat）、短髮、直筒低腰連身裙開始成為主流，裙襬也高至膝蓋，過分浮誇的時尚不被青睞，中性風格開始流行，平面針織（Jersey Knit）布料被大量使用；「Chic」所代表的帥氣、瀟灑，開始轉為正面形容女性的評價，取代過往只能侷限以「優雅」形容女性。可可・香奈兒顛覆傳統的理念及簡單俐落的設計，解放長期處在男性為主的社會價值觀，使女性勇於追求期待已久的自由與解放，創造1920年代摩登新穎的新女性形象。

同時期，另一位知名具代表性的設計師尚・巴杜（Jean Patou）以非主流設計的獨創與簡約風聞名，推出幾何圖形及立體派的概念，將奢華與務實融合成新時尚。在可可・香奈兒、尚・巴杜之外，尚・蘭梵（Jean Lanvin, 1867-1946）[20]則帶來花飾、刺繡、豐富的印花，成為另一個劃時代的全球時尚。此外，Ferragamo[21]在此時已經是知名的鞋子設計師品牌。

1920年代的男裝，色調十分暗淡低調，米色系的服裝通常是極度富裕與有教養象徵；服裝配飾如口袋巾、懷錶、釦眼等保持單一色彩，強調造型的整體性。西裝以單排釦為主，細條紋是當時最流行的布料花紋，通常會有寬大的領子延伸到胸

1920年代直筒低腰連身裙

資料來源：http://www.360doc.com/content/16/
1001/08/13477377_595034438.shtml (2018.06.02)

牛津布袋褲
資料來源:https://www.juksy.com/archives/
53725 (2018.06.02)

前,廣受上流社會青睞;現今,細條紋也被視為權力和自信的象徵。小圓領白色或淺藍色襯衫,配上一條小幾何圖形花紋的領帶,便構成1920年代男裝造型的上半身部分。此時期時興寬大褲腳的長褲,被稱為「牛津布袋褲」(Oxford Bags)[22],褲腿處通常會捲邊,輕搭在鞋面上,寬大褲型在當時被視為非常有男人味[23]。非正式男裝在此時開始風行,軟毛呢套裝取代傳統的訂製套裝;短西裝及運動短褲(Knickers)蔚為風潮。

　　1920年代中後期的爵士樂、查爾斯登舞(Charleston)時代;隨著1929年經濟大恐慌的到來,整體時尚也遭遇蕭條,所謂的爵士時代,因此走到盡頭;在這期間,美國因習慣奢華富裕,卻仍埋首在好萊塢歌劇舞的氛圍。1920年代的繁華上海,則流行著從歐美國家傳來的宮廷風格。

1920年代

◉代表服裝(女)

　　正式進入1920年代後,服裝發展強調功能主義;新型女性穿著職業化服裝。受到日本和服大量影響,服裝剪裁以舒適直統線條為主流。馬甲、裙架全面性地消失,流行以平直、簡潔,不強調腰

身設計的直筒低腰連身裙，受到廣大民眾的喜愛；各樣的流蘇裝飾在直筒長禮服的裙襬或肩部，或者裝點在流光閃爍的頭飾上，流動的絲質長流蘇是1920年代女性服飾的主要細節。鞋子以娃娃鞋，或是瑪麗珍鞋（Mary Jane）為代表。

↑1920年代開始新女性穿著職業化服飾
資料來源：http://www.360doc.com/content/16/1001/08/13477377_595034438.shtml (2018.06.02)

↗1927年女性內衣
資料來源：https://zh.wikipedia.org/zh-tw/比基尼泳衣#/media/File:Barcley_custom_corsets15.jpg (2018.06.02)

◉代表造型（女）

受到現代主義及第一次世界大戰的影響，1920年代女性的髮型，以「剪出俐落的短捲髮」為流行，取代飄逸柔美的長髮髮型，這種強調帥氣、簡潔，像男孩一般的短髮（Boyish Haircut），稱為「包柏髮型」（Bob Hair），是1920年代的專屬髮型，無論是直髮或燙出層層波浪的捲髮，展現這個時代女性勇於打破常規與束縛的勇氣與俏皮；是西方女性髮型發展的重大變革。

這個時期的女性流行各式各樣的帽子，例如貝雷帽（Beret Hat）、無邊帽（Toque Hat）、鐘型帽等；女性的頭巾纖長如瀑布

般下垂。

1920年代的女性開始具備全臉完妝的概念，由於女性的髮型強調俐落的短髮、S波浪，為保有女人味，此時女性會特別以濃烈的妝扮，例如精緻油亮的秀髮、刻意雕琢向下延伸的細柳眉、強調唇峰的濃豔菱角嘴，應用深色眼影的煙燻染，再飾以格外纖長的假睫毛，尤其會特別強調腮紅與眼影的化妝，表現女性化的氣質，是當代女性的時尚彩妝，勾勒出紙醉金迷的迷醉感。

1920年代的專屬髮型「包柏髮型」
資料來源：http://www.360doc.com/content/16/1001/08/13477377
_595034438.shtml (2018.06.02)

1920年代的女性帽子
資料來源：https://www.douban.com/note/327087694/ (2018.06.02)

◉代表風格（女）

現代女性新形象的誕生；愛狂歡，大
跳爵士舞，啜飲香檳與雞尾酒、抽
菸、旅遊、調情，澈底享受生活。
鐘型帽、短髮、直筒低腰連身裙開
始成為主流，裙襬也高至膝蓋，過
分浮誇的時尚不被青睞，中性風格
開始流行，Flapper Style（男孩風）
成為新時尚。

1920年代女性妝容

資料來源：http://www.360doc.
com/content/16/ 1001/08/13477
377_595034438.shtml (2018.06.
02)

◉代表服裝（男）

特殊的款式，是源自英國的「牛津
布袋褲」的寬大褲型，這種款式的特色是褲管相當寬大（約有50
公分），並在1925年造成流行，成為自由的象徵。

◉代表特徵（男）

1920年代男裝造型有以下六項元素[24]：

1.經典造型是三件式西裝，西裝要儘量合身，基本上不使用墊肩。

2.褲裝特點是高腰、闊腿、捲邊，筆直地落在鞋面上。

3.繡有字母的襯衣，是不可少部分，加上法式袖釦、領針等整體
  造型。

4.領帶材質多為真絲，條紋或幾何圖形，搭配領帶夾或領結。

5.漆皮皮鞋搭配晚裝，牛津鞋搭配日常裝，雙色皮鞋是時髦選
  擇。1920年代早期，鞋罩普遍被使用。

6.男士出入公眾場合須戴帽子，有巴拿馬帽（Panama Hat）、硬草
  帽、牛仔帽、高爾夫球帽、軟呢禮帽等帽型。

◉代表風格（男）

1910年的男裝流行仍影響1920年代前期，展現俗稱「穿著如藝術
家般」的風格。

改變時尚潮流的設計師

瑪德琳‧維奧內特、可可‧香奈兒、伊莎‧夏帕瑞莉、尚‧巴杜是風靡於1920、1930年代的時裝設計師。

◆「斜裁建築師」瑪德琳‧維奧內特

瑪德琳‧維奧內特（Madeleine Vionnet, 1876-1975，法國設計師）的名字雖不若可可‧香奈兒有名，在一戰與二戰期間，等同於「高級時尚」。在當時，瑪德琳‧維奧內特設計的服裝只有非常富有或知名的人士才能穿著。瑪德琳‧維奧內特的設計，強調女性自然身體曲線，反對緊身衣等填充，雕塑女性身體輪廓的方式，被尊為「斜裁女王」（Queen of the Bias Cut）或「裁縫界的建築師」（The Architect among Dressmakers）。瑪德琳‧維奧內特非常擅長晚禮服的設計，設計的禮服能緊貼身體，利用面料本身的伸縮性與適體量裁的高明技巧使之穿脫自如；並能充分利用面料的懸垂感與自然褶襉營造豐富變化，作品展現隨體、光滑、優美的女性感。

瑪德琳‧維奧內特的特色斜裁方法，應用在手帕裙（Handkerchief Dress）、褶皺領（Cowl Neck）、露背領（Halter Top）等；設計產品包括高級女裝、成衣、香水、珠寶、配飾等。瑪德琳‧維奧內特首創的斜裁技巧，例如著名的斜裁、褶皺領、露背裝等系列的剪裁技巧，設計的女裝不但典雅大方，只有一條縫線，令人歎為觀止，至今仍影響著時尚界的時裝設計師；例如三宅一生（Issey Miyake）、尚-保羅‧高緹耶（Jean-Paul Gaultier）、約翰‧加利亞諾（John Galliano）、薇薇安‧魏斯伍德（Vivienne Westwood）等。時裝大師克里斯汀‧迪（Christian Dior），曾高度讚揚瑪德琳‧維奧內特：「瑪德琳‧維奧內特發明斜裁法，尊稱為時裝界的第一高手。」法國高級時裝大師阿澤丁‧阿萊亞（Azzedine Alaia）也描述：「瑪德琳‧維奧內特是一切的源泉，為我們的設計提供了基礎。」

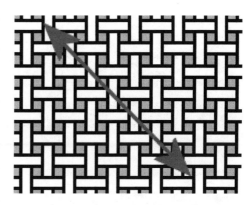

↖1920年代早期工作中的瑪德琳・維奧內特

資料來源：https://en.wikipedia.org/wiki/
Madeleine_Vionnet#/media/File:Madeleine_
Vionnet_in_her_studio_about_1920.jpg
(2018.06.02)

↗布料斜裁

資料來源：https://en.wikipedia.org/wiki/
Madeleine_Vionnet#/media/File:Bias_(textile).png
(2018.06.02)

←瑪德琳・維奧內特的斜裁露背晚禮服

資料來源：http://www.360doc.com/conte
nt/16/1001/08/13477377_595034438.shtml
(2018.06.02)

◆「法國時尚女王」可可・香奈兒

　　1920年代，可可・香奈兒（Coco Chanel）引領風騷，服裝發展表現明顯的機能性與輕便性，設計不少創新款式，是1920年代風格的重要締造者之一。可可・香奈兒帶動流行時尚，所設計的服裝開始露一點小腿、沒有腰身的直線洋裝與幾何線條，例如強調瘦細，不強調曲線變化的直筒低腰連身裙、針織水手裙（Tricot Sailor Dress）、黑色小洋裝（Little Black Dress）、樽領套衣等；認為新時代女性的服飾設計

↖1920年可可‧香奈兒推出直筒低腰連身裙
資料來源：http://www.360doc.com/conte
nt/16/1001/08/13477377_595034438.shtml
(2018.06.02)

↑1926年可可‧香奈兒推出黑色小洋裝
資料來源：http://www.360doc.com/conte
nt/16/1001/08/13477377_595034438.shtml
(2018.06.02)

←1928年可可‧香奈兒穿著寬鬆的運動服
資料來源：http://tieba.baidu.com/
p/2259390935 (2018.06.02)

應當以簡潔實用、典雅氣質與精緻剪裁取勝，而不是靠奢華與虛榮。
並帶動女性剪短髮，展現合理單純的線條。

◆「小婦人」伊莎‧夏帕瑞莉──藝術趣味

　　伊莎‧夏帕瑞莉（Eisa Schiaparelli, 1890-1973，義大利設計師）[25]
的時裝生涯是從遇到時裝大師保羅‧波烈開始。伊莎‧夏帕瑞莉剛開
始設計毛衣，以小婦人之稱聞名巴黎。作品以「超現實主義」、「未
來主義」、「非洲黑人」、「立體派」等思想為創作靈感，展現每
件作品深具藝術氣息。伊莎‧夏帕瑞莉是第一位使用化學纖維的設計
師，應用寬的墊肩改變服裝輪廓，以及應用有色拉鍊結合兩片布料。

↖伊莎・夏帕瑞莉

資料來源：https://baike.baidu.com/pic/%E5%A4%8F
%E5%B8%95%E7%91%9E%E4%B8%BD/18784060/
0/5882b2b7d0a20cf4607adcc17f094b36adaf99c1?fr=le
mma&ct=single#aid=0&pic=5882b2b7d0a20cf4607ad
cc17f094b36adaf99c1 (2018.06.02)

↑伊莎・夏帕瑞莉設計兒童塗鴉式蝴蝶結的黑白套
　衫（Tromp L'oeil）

資料來源：https://baike.baidu.com/pic/%E5%A4%8F
%E5%B8%95%E7%91%9E%E4%B8%BD/18784060
/0/5882b2b7d0a20cf4607adcc17f094b36adaf99c1?fr=l
emma&ct=single#aid=0&pic=4a36acaf2edda3cc2b4a9
6f407e93901203f92b3 (2018.06.02)

←1922年馬克芯・德拉法蕾絲穿著伊莎・夏帕瑞莉
　設計的裙裝

資料來源：https://www.zhihu.com/appview/
p/27590202 (2018.06.02)

◆尚・巴杜

　　尚・巴杜（Jean Patou, 1887-1936，西班牙裔的法國設計師）[26]是
1920年代至1930年代最偉大的服裝設計師之一，以設計毛衣、運動休
閒服裝而聞名世界。尚・巴杜以非主流設計的獨創與簡約風聞名，推
出幾何圖形及立體派的概念，尚奢華與務實融合成新時尚。尚・巴杜
的設計高貴典雅、簡單大方，因此受到美國人的喜愛。

　　高緹耶（Jean Paul Gaultier）的創始人尚-保羅・高緹耶（Jean-
Paul Gaultier）出道前曾經擔任尚・巴杜的助手，克里斯汀・拉誇

（Christian Lacroix, 1951- ）[27]也擔任過尚‧巴杜品牌的設計師。

1921年，尚‧巴杜的正式發表會前邀請新聞界人士預先觀賞，此後，時裝界款待新聞界的預展便成為慣例。自1922年開始，尚‧巴杜成為婦女時裝界流行的領導者，是第一個擁有專屬色彩與布料的設計師。尚‧巴杜每一季都推出一種色彩，命名為巴杜藍、巴杜綠等，主導當季流行色。尚‧巴杜香水「AMOOR AMOOR」、「JOY」、「1000」等，至今仍是世界知名品牌的象徵。

尚‧巴杜時裝在巴黎享有一定的盛名，最有名的Joy香水，經久不衰。

尚‧巴杜香水「1000」
資料來源：http://www.twword.com/
wiki/讓‧巴杜 (2018.06.02)

1920年代紀事	
	瑪德琳‧維奧內特（Madelaine Vionnet）首創不對稱剪裁。
1920	愛馬仕（HERMÈS）為威爾斯王子（Prince of Wales）設計的拉鍊式高爾夫夾克衫，成為20世紀最早的皮革服裝成功設計。
1921	古馳歐‧古馳（Guccio Gucci）在佛羅倫斯開辦店面，專注於質料與工藝技術的提升；並首創將名字當成商標印在商品上，成為最早的經典商標設計，使得GUCCI迅速的在1950-1960年代間，成為財富與奢華的象徵。
1922	腰線在自然位置，裙長漸短，後期出現低腰線。
1923	可可‧香奈兒推出及膝短裙和裁剪考究的外套組成的優雅套裝。
1925	可可‧香奈兒推出容易穿著、便服式（直筒連身裙）的服裝創作。
	盛行「Oxford Bags」的寬大褲型。
1926	裙裝為露膝蓋的長度。
1927	伊莎‧夏帕瑞莉推出針織服裝系列迅速引起轟動，一件在領線下飾有兒童塗鴉式的蝴蝶結的視錯覺黑白套衫，被VOGUE雜誌評價為「藝術傑作」。
1928	伊莎‧夏帕瑞莉推出運動系列，包括泳裝、滑雪服等。
1929	伊莎‧夏帕瑞莉開設運動服裝店。在溫布頓網球錦標賽上，伊莎‧夏帕瑞莉為西班牙女選手莉莉德‧阿爾瓦雷斯（Lili de Alvarez）設計的短裙褲震驚全世界。

「法國時尚女王」可可‧香奈兒生平紀事[28]

可可‧香奈兒（Coco Chanel，本名Gabrielle Bonheur Chanel, 1883-1971）對於現代主義的見解，男裝化的風格，簡單設計之中見昂貴，成為20世紀時尚界重要人物之一。可可‧香奈兒對高級訂製女裝的影響，令可可‧香奈兒被《時代雜誌》評為20世紀影響最大的百大人物之一。

1910年起，可可‧香奈兒推出第一款的女性運動褲裝，顛覆當時被視為理所當然的女性穿著方式；帶領女性拋棄馬甲、束腰和蓬裙，走向身體自由的舒適穿著，並在當時女裝中，加入前所未有的男裝元素，創造全新的女性優雅形象。可可‧香奈兒將套頭毛衣的前襟剪開，配以蝴蝶結裝飾，大膽與不羈的創意，成就為人稱道的經典CHANEL外套。CHANEL滾邊外套、皮革穿金鍊菱格紋手提包、雙色鞋與山茶花等，跨越一世紀仍是時尚象徵的CHANEL經典設計。

1883 出生於法國索米爾（Saumur）。可可‧香奈兒曾經表示自己出生於1893年，且並非出生於索米爾，而是出生於法國南部山區奧弗涅（Auvergne）。

1895 12歲進入歐巴津天主教堂的孤兒院，度過七年，在那裡學會縫紉技巧。

1908 25歲認識法國貴族軍官艾提安‧巴桑（Etienne Balsan），是可可‧香奈兒的第一位情人，艾提安‧巴桑在事業上幫助可可‧香奈兒起步。之後可可‧香奈兒又結識了英國工業家亞瑟‧卡伯（Arthur Capel），亞瑟‧卡伯是可可‧香奈兒一生的摯愛，全力支持可可‧香奈兒的事業。

1910 在巴黎康朋街21號，開設「Chanel Modes」的女帽店。

1913 第一次世界大戰爆發前，推出便於行動的運動休閒裝；接著是皮外套、夾克、水手裝等休閒服裝。在法國渡假聖地多維

爾開設精品店，專賣女帽及配件飾品。

1914　開設兩家時裝店，影響後世深遠的品牌「CHANEL」正式宣告誕生。推出泳裝。

1915　在西南部的比亞里茨（Biarriz）開設第一家設計工作坊。

1918　剪成短髮遭到議論；帶動女性追求「苗條、年輕、自由、簡潔、自主」的形象；並將康朋街的總店搬到31號。

1920　推出直筒低腰連身裙（Flapper Dress）。菱格紋圖騰首次出現在服裝設計中；最初將圖案裝飾襯裡、衣領及袖口，爾後愈來愈多的菱格圖騰面料融入整件服裝設計。

1921　推出CHANEL No.5香水（第五次嘗試）；為史上第一瓶以設計師命名的香水。

1923　推出套裝；並在《哈潑時尚》（*Harper's Bazaar*）[29]雜誌發表評論，強調「簡單就是所有真正優雅的基調；CHANEL的設計永遠保持簡單和舒適的風格」。

1924　為芭蕾舞「藍色列車」（Le Train Bleu），擔綱戲服設計。

1926　創造X形、及膝、長袖，以彈性布料與綢緞做成經典款「黑色小洋裝」（Little Black Dress, LBD）[30]。此後「小黑洋裝」是時尚圈中永不褪色的經典。

1932　推出轟動全巴黎的高級珠寶展，所有展品都是以白金跟鑽石製造而成。

1939　與相愛的納粹官員移居瑞士，同時關閉所有位於巴黎的店鋪。

1954　無法忍受由男性設計師掌管的時裝界，再次將女性置於豐胸束腰中，而重返法國，並召回工作團隊；香奈兒重新開業，並於同年2月5日在康朋街的總店舉辦首場時裝表演[31]。

1955　於美國德州達拉斯市獲頒「內曼·馬庫斯時尚獎」（Neiman Marcus Award）[32]（是一項被譽為「時尚界奧斯卡獎」（Fashion Oscar）的全球時尚大獎，推崇可可·香奈兒為

「20世紀最具影響力的服裝設計師」）。

1971　終生未婚；1月10日可可‧香奈兒在巴黎里茲酒店（Hôtel Ritz）心臟病發去世，安葬於瑞士洛桑。

1983　卡爾‧拉格斐（Karl Lagerfeld）獲聘為CHANEL時裝藝術總監。

◎作品特色

線條簡單具有實用性，色調以深暗色或中性色，具有獨特性。

◎創意設計

喇叭褲、繫蝴蝶結襯衫、水兵服、防水外套等。

Coco Chanel女士在1955年2月推出了一款手袋，為了紀念它的誕生而命名為2.55，成為當時時尚行業的革命性標杆。

↑CHANELDNA「山茶花」

資料來源：http://static.wixstatic.com/media/becc33_850549272e7c4fbd859f434b70a31edf.jpg_srz_p_343_377_75_22_0.50_1.20_0.00_jpg_srz (2018.06.02)

↗「CHANEL 2.55包」的命名源於它的誕生日1955年2月

資料來源：http://tieba.baidu.com/photo/p?kw=%E6%9C%8D%E8%A3%85%E8%AE%BE%E8%AE%A1&ie=utf-8&flux=1&tid=2259390935&pic_id=f309fffaaf51f3defe995b0395eef01f3a297949&pn=1&fp=2&see_lz=1#!/pidf309fffaaf51f3defe995b0395eef01f3a297949/pn1 (2018.06.02)

↑1921年推出經典的「CHANEL No.5」香水

資料來源：https://zh.wikipedia.org/wiki/%E5%8F%AF%E5%8F%AF%C2%B7%E9%A6%99%E5%A5%88%E5%B0%94#/media/File:CHANEL_No5_parfum.jpg (2018.06.02)

↗香奈兒設計的雙色鞋（PumpS hoes）受到女性青睞（拍攝於1964年）

資料來源：https://www.bing.com/images/search?view=detailV2&ccid=9pO9zXXN&id=279BD248CA1A3948E05B395FB11D7375FC5AD0B0&thid=OIP.9pO9zXXNYgGeDvu-QnIn6AHaEt&mediaurl=http%3A%2F%2Fwtalks.com%2Fsites%2Fdefault%2Ffiles%2Fimagecache%2Fwidth_670_nowater%2Fspeak%2F350%2Fimagepost%2F08.jpg&exph=426&expw=670&q=%e9%a6%99%e5%a5%88%e5%85%92%e7%b6%93%e5%85%b8%e9%9b%99%e8%89%b2%e9%9e%8b%e6%ac%be&simid=608014037097776463&ajaxhist=0&pivotparams=insightsToken%3Dccid_JDoaB6r6*mid_0864DE5F0E6018610FFBE9ADA56D72199D6FA2AC*simid_6080105280749609827*thid_OIP.JDoaB6r6SBtScExIWLoTogHaD3&insmi=m_&iss=VSI (2018.06.02)

五、1930年代──好萊塢偶像明星引領風騷時代、新古典主義的華美與細膩

　　1930年代二戰之前，歐洲社會經濟騰飛，汽車、火車、飛機、輪船和摩天大樓如雨後春筍。美國紐約的洛克菲勒中心大樓、帝國大廈、克萊斯勒中心、舊金山的金門大橋是這個時期的建築象徵。

　　1930年代女性展現新古典主義的華美與細膩，女性不像1920年代

的女孩那樣沒有女人味；依舊短髮，多了柔軟的波浪線條貼合著臉頰（Finger Wave Hair），搭配的則是華服與配飾。此時期的女性主張應該充滿健康氣息，除了追求苗條亦需保有女性韻味，注重修飾自己。1930年代受到裝飾運動、現代機械美學及東方文化的影響，展現華美時尚與細膩情懷，各種生活用品、裝飾用品、服裝設計等呈現流線型的外觀。

1930年代傾向浪漫思想，電影和服裝相互影響，形成和諧的格局。女性以銀幕上好萊塢明星的時髦穿著為模仿對象；例如寬肩套裝、成熟有權威感，兼具典雅、美觀、婉約的女性風格，穿著較長裙長的波浪裙，表現女性優美的線條；性感的中性穿著與浪漫斜裁晚裝等服飾。

1930年代尼龍[33]的發明，使女性著裝發生重大變化；例如女性使用橡膠鬆緊繩將透明絲襪高高地吊在大腿上，完整地展現小腿肚上的縫線；這不僅意味著裙襬又上提，且意味著女性腿部健美變得越來越重要。1939年，尼龍纖維製成的絲襪在紐約世界博覽會亮相，立刻引起女性的搶購熱潮；穿上尼龍絲襪的雙腿，更為結實及富有光澤，成為女人更性感與時髦的利器。此外，好萊塢偶像明星瑪琳・黛德麗（Marlene Dietrich, 1902-1992）推動女性追捧男士西裝的熱潮，為男裝帶來中性魅力。

1930年代見證男裝設計的系列革新；這個時期的男性捨棄愛德華

1930年代，瑪琳・黛德麗率先穿上西裝在螢光幕前亮相

資料來源：https://baike.baidu.com/pic/%E7%8E%9B%E7%90%B3%C2%B7%E9%BB%9B%E5%BE%B7%E4%B8%BD/1062818/21587609/f11f3a292df5e0fee6fdaced556034a85fdf7270?fr=lemma&ct=cover#aid=21587609&pic=f11f3a292df5e0fee6fdaced556034a85fdf7270 (2018.06.09)

時代（Edwardian Era或Edwardian Period）[34]提倡一天需根據不同場合多次更換服裝的傳統，粗花呢和法蘭絨成為最受歡迎的西裝面料；男子氣概十足的雙排釦西裝是最常見款式，寬大剪裁在視覺上拉長男性軀幹。電影明星的時髦穿著成為男性模仿的對象；例如電影《一夜風流》（*It Happened One Night*），男主角克拉克・蓋博（Clark Gable, 1901-1960）成為時尚偶像（Icon），男性爭相模仿電影中克拉克・蓋博扮演的失業記者打扮「長款外套、V字領衫、寬邊帽」。

男性爭相模仿電影《一夜風流》中克拉克・蓋博的打扮「長款外套、V字領衫、寬邊帽」

資料來源：http://www.repubblica.it/viaggi/2008/08/06/foto/quando_ilcinema_fa_l_autostop-118164051/?refresh_ce (2018.06.09)

 1930年代

◉代表服裝（女）

　　魚尾裙（長S型）、充滿性感的「露背裝」（Open Back）為代表。可可・香奈兒設計的白色禮服，以及瑪德琳・維奧內特高超的裁剪技巧是高級晚禮服的最佳形成模式。

◉代表造型（女）

　　1930年代，由於The Permanent-waving Machine（燙髮機）的開發，出現「燙髮」的髮型。熱燙所形成的短髮，成為當時女性最時髦的髮型，尤其強調「捲曲僵硬」造型，以及強調白金髮

色。此時期女性容貌特別強調「細柳眉」、「長睫毛」及「小嘴巴」，是當時理想美的代表；這個時期的女性更強調以「嫵媚」與「成熟」的化妝造型，以「流線型」取代之前的「直線型」體態輪廓。這個時期，流行斜扁帽（Bias Hat），披肩、手套和帽子都是十分重要的裝飾品，後期太陽眼鏡成為重要的服裝配件。

◉代表風格（女）

受到美國好萊塢電影工業的影響，女性輪廓審美觀產生變化，以「成熟」、「嫵媚」、「性感」取代「俐落、直線、簡潔」的形象。因此，強調玲瓏有緻、表現曲線的「流線型」輪廓線，成為1930年代最完美的服飾形貌。

◉代表服裝（男）

西裝才是最標準的日常穿著；上班、聚餐、海邊散步或溜冰等活動，男性多以西裝赴約。

◉代表特徵（男）

依舊以挺拔陽剛為理想的形象。

◉代表風格（男）

男性爭相模仿電影中克拉克・蓋博扮演的失業記者打扮「長款外套、V字領衫、寬邊帽」。

改變時尚潮流的設計師

◆「法國時尚女王」可可・香奈兒

追求極簡主義的可可・香奈兒（Coco Chanel）認為「男女平等」很重要，但是女性特質絕不可忽略；可可・香奈兒的創作靈感許多來自於男性服裝，例如將西裝褸（Blazer）加入女裝系列，為女性設計褲裝（在1920年代以前女性只會穿裙子的）。但是，可可・香奈兒卻從未混淆男女性別；可可・香奈兒的套裝或褲裝設計兼顧女性工作方便，讓女性動作及身體線條顯得更為優雅、俐落；這一連串的創作為

現代時裝史帶來重大革命。

　　這個時期之前的晚禮服都是黑色系列，可可‧香奈兒推出白色晚裝，是標準的高級晚禮服，秉持「女人在夜晚應該幻化為蝴蝶」的晚宴服理念，是這個時期可可‧香奈兒對女性禮服設計的最大貢獻。

　　可可‧香奈兒對時裝美學的獨特見解與才華，使可可‧香奈兒結交不少詩人、畫家與知識份子。可可‧香奈兒的朋友中包括抽象畫派大師畢卡索、法國詩人導演尚‧高克多（Jean Cocteau）等；當時風流儒雅聚集，正是法國時裝和藝術發展的黃金時期。

←1930年可可‧香奈兒於法國Riviera的房子「La Pausa」前，身邊是她的愛犬Gigot

資料來源：http://tieba.baidu.com/p/2259390935 (2018.06.09)

↙1936年可可‧香奈兒標誌性的珍珠項鍊

資料來源：http://tieba.baidu.com/photo/p?kw=%E6%9C%8D%E8%A3%85%E8%AE%BE%E8%AE%A1&ie=utf-8&flux=1&tid=2259390935&pic_id=f309fffaaf51f3defe995b0395eef01f3a297949&pn=1&fp=2&see_lz=1#!/pid4131bb389b504fc2ef6d5e62e4dde71190ef6d42/pn1 (2018.06.09)

↘1937年可可‧香奈兒的白色晚禮服與山茶花頭飾

資料來源：https://style.udn.com/style/story/8064/967246 (2018.06.09)

◆「小婦人」伊莎‧夏帕瑞莉——藝術趣味

　　伊莎‧夏帕瑞莉（Eisa Schiaparelli, 1890-1973）是1930年代的時裝大師，勇於開拓，敢於創新，曾給那個時代帶來朝氣、俏皮、優美的服飾，以及耐人尋味的記憶。伊莎‧夏帕瑞莉認為「時尚意味著新奇」，所以伊莎‧夏帕瑞莉時裝用色強烈、鮮豔、裝飾奇特，喜歡罌粟紅、紫羅蘭、猩紅，以及使她聲名大噪的粉紅色，被譽為「驚人的粉紅」；標新立異，推陳出新，使伊莎‧夏帕瑞莉成為「驚人的伊莎」。

1930年代伊莎‧夏帕瑞莉設計的粉紅色服裝
資料來源：http://www.damingpai.com/?/article/1864 (2018.06.08)

　　伊莎‧夏帕瑞莉創造富有藝術趣味的服裝，突破高級時裝的種種限制，創造優美曲線造型的女裝。伊莎‧夏帕瑞莉最偉大的貢獻是設計思想，其創作理念如流星般的閃爍照亮這個時期，為服裝史上紀錄珍貴扉頁。1938年伊莎‧夏帕瑞莉推出與西班牙超現實主義畫家薩爾瓦多‧達利（Salvador Dalí, 1904-1989）合作的「馬戲團」系列，其中包括著名的「Tears Dress」，驚艷世界。

　　二次大戰前夕，伊莎‧夏帕瑞莉已成為巴黎時裝界最受歡迎的設計師，作品被廣泛流傳。典雅的工作室，有六百位雇員為伊莎‧夏帕瑞莉加工、接待賓客和訂貨；雖然不算巴黎最大的工作室，在當時深具影響力。1933年之前，可可‧香奈兒在巴黎眾多設計家中獨占鰲頭，直至伊莎‧夏帕瑞莉出現後，成為競爭對手。

↑1938年伊莎‧夏帕瑞莉為辛普森夫人（Wallis Simpson, 1896-1986）設計的服裝

資料來源：http://www.damingpai.com/?/article/1864 (2018.06.09)

↗伊莎‧夏帕瑞莉與超現實主義畫家達利合作「馬戲團」系列的「Tears Dress」

資料來源：https://www.spikeartmagazine.com/en/articles/tears-dress-elsa-schiaparelli-and-salvador-dali (2018.06.09)

◆「斜裁建築師」瑪德琳‧維奧內特

　　1930年代，許多女性喜歡瑪德琳‧維奧內特（Madeleine Vionnet）設計的服裝；將服裝由輕柔轉向硬朗、從模糊轉向明確，線條簡單合體，呈現古希臘式的優美典雅；瑪德琳‧維奧內特為時尚界帶入寬肩設計、螢光粉等個性設計和強烈色彩。瑪德琳‧維奧內特是斜裁的鼻祖，具有相當高超的裁剪技巧，不斷地將婦女從鈕釦、拉鍊、緊身衣與虛華的裝飾中解放；設計裝飾元素如玫瑰的圖形與邊緣、形成禮服懸垂感的窗簾與螺旋形結構，令人歎為觀止。瑪德琳‧維奧內特的設計語言是極端複雜，而不是單純的附屬品。

　　瑪德琳‧維奧內特設計的女裝不但典雅大方，並且只有一條縫線；所設計的正式晚禮服改變這類服裝的形式，是露肩與交叉過肩兩

類晚禮服的奠基設計師。瑪德琳・維奧內特在晚禮服裝上大量使用流蘇，是第一位將流蘇縫製在服裝上的設計師。

　　瑪德琳・維奧內特曾僱用一千二百名工人，包括裁縫、刺繡工、專門處理毛皮與內衣做工及各種助理，在蒙田大道（Avenue Montaigne）的精品店後門的一個專門建築內工作，甚至為員工提供醫療與牙科保健。

↑瑪德琳・維奧內特設計的禮服
資料來源：https://www.douban.com/note/573307233/ (2018.06.08)

↗1938年瑪德琳・維奧內特設計的禮服
資料來源：https://www.douban.com/photos/photo/437075171/ (2018.06.08)

1930年代紀事	
1931	伊莎・夏帕瑞莉（Eisa Schiaparelli）開始設計晚裝系列。
1932	「熱燙」技術發明，不需再倚賴電導器或機器的燙髮技術。
1933	伊莎・夏帕瑞莉推出寬肩套裝，縮小腰身，裙長降至小腿中間。
1937	GUCCI首次出現源於馬嚼與馬蹬的馬銜鍊設計；因世界大戰、物料短缺，設計出以竹節替代皮革手把的提包，至今仍為經典產品。
1938	英國杜邦公司發明尼龍，服裝設計師應用於襪子、內衣及衣服原料。
	伊莎・夏帕瑞莉推出與西班牙超現實主義畫家薩爾瓦多・達利合作的「馬戲團」系列，其中包括著名的「Tears Dress」。
1939（-1945）	第二次世界大戰爆發。

六、1940年代──第二次世界大戰布料缺乏、實用輕便化、休閒化趨勢、去繁從簡的新時尚

二次世界大戰（1939-1945）期間，布料缺乏、物資短缺，人們崇尚威武的軍人風度，無論男裝還是女裝，軍裝風格盛行；服裝著重「實用、方便、耐穿」偏重樸實感的女性「工作服」、「制服」的設計。無論戰前還是戰後，巴黎一直穩坐世界女裝領域的頭把交椅，然而男裝的首都卻在倫敦。

二次世界大戰帶來烽火下的時尚，外套式洋裝、西裝與合身短裙成為時尚主流。色彩偏好低調的單色，例如灰色系與棕色等，且不添加任何裝飾，女性西裝上的墊肩，增添幾許強勢的視覺效果。1940年代強調肩部線條；應用墊肩、寬肩配以軍裝制服的短裙為女性日常穿著的式樣，完全強調機能性，以休閒、舒適的服裝設計為主要風格。英、美實施纖維與衣料的配給，服飾以簡單、實用為主導，當時稱為「乏味的衣服」。

二次世界大戰期間，美國與法國巴黎之交流線中斷，促使美國第一次獨創服裝款式，以運動服、海灘裝、便裝為主；發展達拉斯、洛杉磯為運動服創造中心，紐約第七大道成為美國時裝中樞。

戰爭結束後，帶來經濟的復甦，為慶祝和平、找回歡樂，人們急切追求新的生活方式和文化觀念。在建立新時代的氛圍下，女裝回歸浪漫復古，時裝界重建女裝「華麗、奢華」的樣貌，取代「簡單實用」的風格；女裝設計開始出現返古現象，回歸浪漫主義時期的沙漏輪廓和盛大裙襬。女性套裝設計漸漸偏向女性化，顏色開始明亮，原本硬挺的線條變得更加柔和，收緊的腰身展現女性的曼妙身姿及高雅的氣質。戰後重建，西方選擇的是創造需求、刺激消費、革新科技，女人打扮得明艷動人迎接心上人的歸來，攜手修復家園，用優雅華麗取代壓抑多年的蕭條，不是刻意保持「經典」的矜持，而是將纖腰及「A Line」的輪廓、花瓣圖案、柔嫩色澤、蕾絲、羽毛、輕紗及改良的精緻面料，用比較高難度的訂製手工，從結構上修飾女人的黃金比

例；沒有故作神祕，更沒有華麗虛幻，要的只是務實的溫馨。

在此背景下1940年代造就法國服裝設計師克里斯汀‧迪奧，出現服裝史上的兩大創舉「新風貌」（New Look）[35]與「比基尼」（Bikini）[36]。克里斯汀‧迪奧帶來的「新風貌」，袖子長度到手臂中央，「3/4袖」成為當代主軸，裡面搭配著長手套。自然垂下的肩線，一反過去的傲然高聳，高挺的胸線，S線再度出現，連著纖腰，以及用裙骨撐起來的大寬裙，搭配細高跟，女性味十足。「新風貌」帶給戰後的歐洲全新的體驗，擺脫壓抑、灰暗，將快樂的美好時光重新帶回來，成為一種時代經典。

戰爭結束後，男裝則趨向簡單輕便化。男性潮流造型分為兩種；男性正式場合穿著襯衫，例如將翻捲襯衫袖口再繫袖鈕的襯衫，演變為袖口直接繫鈕的襯衫，以及休閒襯衫出現在街頭，男性穿著更低調的三角凹領取代誇張的槍駁頭（Peaked Lapel）成為西裝翻領的首選，一般只有外套及雙排鈕外套才會出現槍駁頭領。男性在非正式場合，軍裝制服風格的便裝開始流行起來，很多人穿著便裝的軍隊襯衫與長褲；而在辦公室裡，西裝變得更加輕薄、貼身剪裁。三角凹領休閒針織衫與襯衫的搭配逐漸發展為主流而不再被人們評價過分不莊重。

此外，「阻特裝」（Zoot Suit）[37]，在1930～1940年代時在幫派界特別流行。「阻特裝」是一種剪裁非常誇張的西服套裝，上身是巨大墊肩的長夾克，被稱為「Carlango」，下身搭配在腳踝收攏的高腰闊腿褲，看似過量浪費的衣料是特意用來顯示其浮誇風格的標誌性做法。這種衣服是當時的特定人群和時髦人士的典型穿著，穿著時通常需要在褲袋掛著長錶鏈，腳上踩著尖頭皮鞋和戴著裝飾著一根羽毛的大帽。這種寬鬆剪裁需要花費比一般西裝多近乎兩倍的材料，凸顯穿著者的財力與地位。既然是炫耀成分居多的衣著，「阻特裝」的顏色與細節常極為顯眼或怪異。在二次大戰時期，遵守布料配給及省下布料供給軍用需求，是一種愛國的表現；因此，男性的西裝在此時期變得更為簡單，例如褲腳不採反折的設計，因為反折需要更多的布料，所以在戰期穿「阻特裝」被視為是一種叛逆的象徵。

穿著阻特裝的墨西哥裔美國人
資料來源：http://www.gq.com.
cn/fashion/news/news_
12g1a614dd660b3d-2.html
(2018.06.09)

1940年代

◉代表服裝（女）

　服裝以墊肩、寬肩配以短裙（軍裝制服）為女性日常穿著的式
　樣，強調肩部線條及機能性，以休閒、舒適服裝為主。

◉代表造型（女）

　大捲髮、兩邊收乾淨。

◉代表風格（女）

　「簡單實用」的風格。

◉代表服裝（男）

　流行軍裝。

◉代表特徵（男）

　鬍子造型。

◉代表風格（男）

軍裝制服風格。

↑1940年代女性服裝

資料來源：http://joyce71206.pixnet.net/blog/post/367984323-%E4%B8%
89%E5%88%86%E9%90%98%E7%9C%8B%E5%AE%8C%E7%99%BE
%E5%B9%B4%E6%99%82%E5%B0%9A---%E5%BE%9E-1910-~-2015-
%E7%B2%BE%E5%BD%A9%E7%9A%84%E6%9C%8D

↗1949年馬克芯‧德拉法蕾絲穿著服裝

資料來源：https://read01.com/zh-hk/gdjMP.html#.W5TDqSYnZMs (2018.06.09)

改變時尚潮流的設計師

◆「新風貌」克里斯汀‧迪奧

　　對比例極為敏銳，掌握衣服切線愈少，效果愈佳的理念。1947年克里斯汀‧迪奧（Christian Dior, 1905-1957）推出的「新風貌」，傳達戰時貧窮、無味的衣著生活告別的訊息。「新風貌」具有19世紀上流女士的高貴、典雅的服裝風格，並應用新的技術與新的設計方式，重新演繹，表現女性化與戰爭時期的男性化形成強烈的對比，突出圓帽與細腰的華麗姿態。克里斯汀‧迪奧選用高檔華麗、上乘的面料，表現出耀眼、光彩奪目的華麗與高雅女裝，倍受時裝界關注。克里斯

汀・迪奧繼承著法國高級女裝的傳統，始終保持高級華麗的設計路線，做工精細，迎合上流社會成熟女性的審美品味，象徵著法國時裝文化的最高精神；Dior品牌在巴黎享有極高地位。

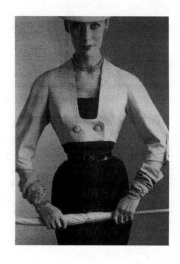

1947年克里斯汀・迪奧的「新風貌」
資料來源：https://kknews.cc/fashion/96bek4l.html
(2018.06.10)

1940年代紀事	
1946	法國設計師路易斯・里爾德（Louis Réard）與賈克・海姆（Jacques Heim）分別推出兩件式的「比基尼泳裝」，稱「At-ome」（原子），美國稱「Bikini Atoll」，後簡稱「Bikini」。
	克里斯汀・迪奧（Christian Dior），簡稱迪奧（Dior）或CD，創立於法國巴黎。
1947	克里斯汀・迪奧成立時裝店。克里斯汀・迪奧的「新風貌」，驚豔世人；代表結束戰爭時期貧窮、乏味服裝的告別。
	世界分為「自由」與「共產」兩部分；同時有殖民地解放與獨立運動的興起。
	皮爾・巴爾曼（Pierre Balmain, 1914-1982）[38]推出蓬鬆式套裝（Fluffy Suit）。
	GUCCI品牌，推出以竹製作手柄的竹節包（Bamboo Bag）問世。
1967（-1957）	高級時裝全盛時期。
1948	克里斯汀・迪奧推出「肩翼風格」（翼型）；伊莎・夏帕瑞莉推出「背面趣味」。
1949	伊莎・夏帕瑞莉推出螺旋狀的裙子；克里斯汀・迪奧推出自然風格、垂直線的服裝設計概念。

↖1946年脫衣舞孃蜜雪琳·貝娜汀妮（Micheline Bernardini）穿著路易斯·里爾德設計的兩件式泳衣，是第一位大庭廣眾之下穿著比基尼的女性
資料來源：https://www.thenewslens.com/article/41524 (2018.06.10)

↗1947年克里斯汀·迪奧設計表現女性化與戰爭時期男性化形成強烈對比
資料來源：https://kknews.cc/fashion/96bek4l.html (2018.06.10)

↖1948年克里斯汀·迪奧經典背面裁減的鉛筆裙
資料來源：https://kknews.cc/fashion/96bek4l.html (2018.06.10)

↗1940年代克里斯汀·迪奧服裝
資料來源：https://kknews.cc/fashion/96bek4l.html (2018.06.10)

「新風貌」克里斯汀‧迪奧生平紀事[39]

1947年，克里斯汀‧迪奧（Christian Dior）推出第一個時裝系列，被稱為「新風貌」，意指克里斯汀‧迪奧帶給女性全新的面貌。克里斯汀‧迪奧重建戰後女性的美感，樹立1950年代的高尚優雅品味，亦將「克里斯汀‧迪奧」的名字，深深的烙印在女性的心中及20世紀的時尚史上。

1905　克里斯汀‧迪奧出生於法國諾曼第，曾因家人的期望，從事於政治學習，後來因個人喜好轉向美學，並結識了畢卡索、馬蒂斯、達利等畫家。

1935　開始為《費加洛報》作畫，還曾以每張20法郎的價格在巴黎街頭出賣自己的時裝畫。

1938　加盟羅伯特‧皮凱（Robert Piquet）公司，擔任助理設計師。

1942　與皮爾‧巴爾曼（Pierre Balmain）共事，此時克里斯汀‧迪奧掌握服裝設計與結構等方面的技巧。

1946　在偶然的機會下巧遇商業大亨馬賽勒‧布沙克（Marcel Boussac），兩人一拍即合；擁有85位員工與投入6,000萬法郎資金的第一家克里斯汀‧迪奧店，在巴黎最優雅尊貴的蒙田大道30號正式創立。全店裝潢以克里斯汀‧迪奧最愛的灰、白兩色與法國路易十六風格為主。

1947　2月12日推出第一個時裝系列作品，設計急速收起的腰身凸顯出與胸部曲線的對比，長及小腿的裙子採用黑色毛料點以細緻的褶皺，再加上修飾精巧的肩線，顛覆所有人的目光，被稱為「新風貌」，意指克里斯汀‧迪奧帶給女性一種全新的面貌；克里斯汀‧迪奧因此一舉成名；克里斯汀‧迪奧應用不對稱裙子、垂直型服裝、O型、A型、Y型、H型、鬱金香型、箭型等，這一系列獨具匠心的設計，讓克里斯汀‧迪

奧始終走在時尚的最先端。克里斯汀・迪奧在巴黎時裝界辛勤工作的十年間，澈底影響巴黎女裝從整體到細節的創新變化。

1947　克里斯汀・迪奧被授予美國的「內曼・馬庫斯時尚獎」。

1950　法國又頒發給他「榮譽勳位團」勳章（Remise de la Legion d'honneur）。

1957　克里斯汀・迪奧在義大利因突發心臟病離世。

◉作品特色

選用高檔的上乘面料如綢緞、傳統大衣呢、精紡羊毛、塔夫綢、華麗的刺繡品等；做工更是以精美細緻見長。

◉創意設計

不對稱裙子、垂直型服裝、O型、A型、Y型、H型、鬱金香型、箭型等服裝。

七、1950年代——紳士淑女天下太平、擺脫壓抑、重返快樂的美好時光

1950年代美國達拉斯、洛杉磯為運動服創造中心，紐約第七大道是美國時裝中樞；美國出現「芭比娃娃」（Barbie）[40]，小女孩透過「芭比娃娃」學習到服飾流行概念。

1950年代經濟復甦，特多龍（Tetoron）、達克龍（Dacron）等合成纖維出現「壓褶」加工服飾。二戰後，套裝設計漸漸偏向女性化，顏色開始明亮，原本硬挺的線條變得更加柔和，收緊的腰身展現女性的曼妙身姿及高雅氣質，女人打扮明艷動人迎接伴侶歸來；以優雅華麗取代壓抑多年的蕭條。戰後重建，西方選擇創造需求、刺激消費、革新科技；義大利時裝崛起，以針織衫等贏得國際聲譽。

克里斯汀・迪奧帶來的「新風貌」，將纖腰及「A型」（A Line又稱Clean Line）的輪廓、花瓣圖案、柔嫩色澤、蕾絲羽毛輕紗與改良的精緻面料，應用比較高難度的訂製手工，從結構上修飾女人的黃金比例；袖子長度到手臂中央，3/4袖成為當代主軸，搭配長手套。自然垂下的肩線，一反過去的傲然高聳，高挺的胸線，S線再度出現，連著纖腰，以及應用裙骨撐起的大寬裙，搭配細高跟，展現十足女性味。「新風貌」帶給戰後的歐洲全新體驗，擺脫壓抑、灰暗，重返快樂的美好時光，成為女性時裝時代經典。

1950年代雙排釦西裝與墊肩的時代結束，男性經典三件套搭配窄沿帽、口袋巾、領帶與手杖，一派優雅風韻的紳士風格。商務人士男裝濃縮為一套法蘭絨西服，為簡潔的線條與剪裁，以及深藍、棕色、灰色和黑色的著裝。輪廓鮮明的西裝外套，白色襯衫，褲腳略寬的打褶褲，配上繫帶休閒便鞋，展現1950年代優雅男人風格；今日，男性仍延續1950年代的風格。

隨著戰後配給的漸漸富足，年輕人開始花費在時尚及娛樂，受「戰後嬰兒潮」影響，青少年成為重心，促使「年輕文化」時代的到來；偶像明星成為年輕人的新榜樣，瑪麗蓮・夢露（Marilyn Monroe）成為全球性的時尚女皇。在校園裡，一場年輕人的著裝革命正在悄然展開，常春藤名校的學生開始嘗試改良版的窄身西裝。當時「泰迪男孩」（Teddy Boys）[41]次文化團體，穿著行為表現自我選擇的主張；「泰迪男孩」運動推動時尚潮流，前衛的「泰迪男孩」常用西裝配煙囪褲及絨面鞋，穿著愛德華時期的衣服，腦袋上頂著輕佻的髮型，而且熱衷於搖滾音樂；雖稱向前輩致敬，實則叛逆十足。「泰迪男孩」是第一個創造自己著裝風格，為大眾廣泛接受的年輕族群；顯示年輕人的服飾發展，在戰後更受到重視。

↑野艷性感的瑪麗蓮・夢露

資料來源：http://www.ifuun.com/a20161220793452/ (2018.06.10)

↗泰迪男孩起源於1950年代的倫敦

資料來源：http://www.gq.com.cn/fashion/news/news_1643cea5ed600976.html
(2018.06.10)

1950年代

◎代表服裝（女）

S線條、短版有收腰外套、Dior上半身馬甲改良蓬蓬連裙（靈感來自花朵，如鬱金香）為女裝重點特色；七分褲流行。

1950年代女性服裝
資料來源：http://chic-animal.blogspot.com/2013/05/60.html (2018.06.10)

◎代表造型（女）

中長大捲髮、很女人味、梳整齊彩妝，上勾眼線、大紅唇。

◉代表風格（女）

偶像明星成為年輕人的新榜樣，例如優雅閨秀的葛莉絲・派翠西亞・凱莉（Grace Patricia Kelly）、野艷性感的瑪麗蓮・夢露（Marilyn Monroe）、清純甜美的奧黛莉・赫本（Audrey Hepburn）。

↑優雅閨秀的葛莉絲・派翠西亞・凱莉
資料來源：https://www.pcdvd.com.tw/showthread.php?t=792031 (2018.06.10)

↗清純甜美的奧黛莉・赫本
資料來源：http://slide.news.sina.com.cn/slide_1_86058_114269.html?img=824986#p=6 (2018.06.10)

◉代表服裝（男）
簡潔線條與剪裁的法蘭絨西服。

◉代表特徵（男）
輪廓鮮明的西裝外套，白色襯衫，褲腳略寬的打褶褲，再配上一雙繫帶的休閒便鞋。

◉代表風格（男）
優雅男人風格、「泰迪男孩」風格。

1950年代「泰迪男孩」是第一個創造自己著裝風格的年輕族群
資料來源：http://www.gq.com.cn/fashion/news/news_1643cea5ed600976.html (2018.06.10)

改變時尚潮流的設計師（品牌）

◆「新風貌」克里斯汀・迪奧

克里斯汀・迪奧（Christian Dior, 1905-1957）重建戰後女性的美感，樹立1950年代的高尚優雅品味，亦把「克里斯汀・迪奧」的名字，深刻地烙印在女性的心中及20世紀的時尚史。繼「新風貌」之後，迪奧每年都會創作新的系列，每個系列都具有新的意味，其中大多數是優美曲線的發展。

1954年秋，迪奧發表「H」型服裝，屬於更年輕的時裝造型，腰部不再受到約束。1955年春，迪奧發表「A」型服裝，設計收肩的幅度與放寬的裙子下襬，形成與艾菲爾鐵塔相似的「A」型輪廓，完成從細腰豐臀到鬆腰的幾何形造型的飛躍。同年秋，發表「Y」型服裝。次年春發表「箭形設計」再次獲得喝采。1957年，完成最後兩個系列「自由型」和「紡錘型」，造型上已經完全不同於「新風貌」的外部輪廓。無論是「新風貌」還是「A」字造型，迪奧都是從整體設計入手，並始終保持著自己的風格，塑造典雅的女性形象。

1957年後，克里斯汀・迪奧仍是華麗優雅的代名詞。第二代設計師伊夫・聖羅蘭（Yves Saint Laurent），1959年將克里斯汀・迪奧推向莫斯科，並推出克里斯汀・迪奧的新系列苗條系列。第三代繼承人馬克・博昂（Marc Bohan），於1961年首創「迪奧小姐」（Miss Dior）系列，延續迪奧品牌的精神風格，並將其發揚光大。

克里斯汀・迪奧不但使巴黎在第二次世界大戰後恢復時尚中心的地位，並一手栽培兩位知名的設計大師皮爾・卡登（Pierre Cardin）[42]及伊夫・聖羅蘭。

1950年代克里斯汀・迪奧「O型」服裝設計

資料來源：https://kknews.cc/fashion/96bek4l.html (2018.06.10)

↑1950年代克里斯汀‧迪奧的服裝設計

資料來源：https://kknews.cc/fashion/96bek4l.html (2018.06.10)

↗1953年克里斯汀‧迪奧的服裝設計

資料來源：https://kknews.cc/fashion/96bek4l.html (2018.06.10)

↑1958年伊夫‧聖羅蘭擔任Dior的首席設計師所設計的服裝

資料來源：https://kknews.cc/fashion/96bek4l.html (2018.06.10)

↗1959年伊夫‧聖羅蘭擔任Dior的首席設計師所設計的服裝

資料來源：https://kknews.cc/fashion/96bek4l.html (2018.06.10)

◆克里斯托巴爾‧巴蘭夏加

　　克里斯托巴爾‧巴蘭夏加（Chistobal Balenciaga, 1895-1972）[43]推翻
以前貼合女性身體的設計，將女性從束腰中解放；克里斯托巴爾‧巴蘭
夏加放寬肩部，解放腰部，以及臀部周圍能柔和地和身體接觸的窄筒式
裙子；並開發全新剪裁技術。克里斯托巴爾‧巴蘭夏加留給後世精湛
的技術遺產，例如八分之五長的上衣、四分之三及八分之七的外套，
短袍洋裝（Tunic Dress）、氣球型大衣（Balloon Coat）、布袋裝（Sack
Dress）等；運動服裝則有褲裙、窄腳褲；克里斯托巴爾‧巴蘭夏加並
對女裝的袖子進行多種改良；以及帽子、靴子、襪子等創新設計。

　　克里斯托巴爾‧巴蘭夏加的設計風格，始終保持典雅、精巧、
女性化的特點；純熟地將西班牙與法國的藝術趣味融合。克里斯托巴
爾‧巴蘭夏加的風格常常被誤為迪奧風格的繼承者，其實克里斯托巴
爾‧巴蘭夏加不但年長於迪奧，且成名早於迪奧。克里斯托巴爾‧巴
蘭夏加的女裝設計，沒有像迪奧明確的造型線條變化，外輪廓的變化
缺少像迪奧的鮮明變化特徵。因此克里斯托巴爾‧巴蘭夏加精采的曲
線造型，往往被納入迪奧的時代風格中。不過，世界時裝界公認，克
里斯托巴爾‧巴蘭夏加是20世紀最重要的時裝大師之一，是高級時裝
業中無可比擬的天才。

1951年秋克里斯托巴爾‧巴蘭夏加設計的雞
尾酒裝

資料來源：http://blog.sina.com.tw/sunspace/
article.php?entryid=657293 (2018.06.10)

1950年代紀事	
1950	克里斯汀‧迪奧推出橢圓形線條服裝。
1951	里斯托巴爾‧巴蘭夏加（Chistobal Balenciaga）推出高腰式大衣。
1952	克里斯汀‧迪奧推出三件套對襟開衫，裙子選用縐紗面料，柔軟呈粉色調；克里斯托巴爾‧巴蘭夏加推出萬年時尚、克里斯汀‧迪奧推出波紋曲線型。
1952	紀梵希（Givenchy）公司成立。
1953	克里斯汀‧迪奧發表強調胸部和腰部線條，以鬱金香的花形（酒杯外型）、埃菲爾塔型（La Tour Eiffel）、膝下5～6公分的短裙。
1954	可可‧香奈兒重回時尚圈，仍保持簡約韶華的服裝風格。克里斯托巴爾‧巴蘭夏加推出低腰型服裝；克里斯汀‧迪奧推出H線條（H Line）服裝；皮爾‧巴爾曼為裘麗夫人設計服裝；于貝爾‧德‧紀梵希（Hubert de Givenchy）苗條型洋裝。
1954	瓦倫蒂諾家族第二代繼承人瑪麗歐‧瓦倫蒂諾（Mraio Valentino）設計的珊瑚涼鞋在法國版著名時裝雜誌VOGUE封面作隆重介紹；該涼鞋為視為20世紀工業設計的典範作品，陳列於瑞士鞋靴博物館。
1955	瑪麗歐‧瓦倫蒂諾在羅馬時裝舞台上又推出第二件歷史性設計產品高跟涼鞋（SRILETTO）。
1955	衣服質量變輕。克里斯汀‧迪奧推出A線條（A Line）、Y線條（Y Line）服裝；CHANEL推出CHANEL套裝；于貝爾‧德‧紀梵希推出罩衫式風格。
1956	克里斯汀‧迪奧推出箭型線條、磁石型線條服裝；克里斯托巴爾‧巴蘭夏加推出直筒式洋裝（Chemise Dress）。
1957	克里斯汀‧迪奧推出自由線條、紡錘型線條服裝；皮爾‧卡登推出懸垂狀的裙子。
1958	Dior設計師伊夫‧聖羅蘭推出梯形輪廓服裝及彎曲線條設計；于貝爾‧德‧紀梵希推出布袋裝；皮爾‧卡登推出香薰線條設計。
1959	3月9日舉辦的美國國際玩具展覽會（American International Toy Fair）首次曝光。

1950年馬克芯‧德拉法蕾絲（Maxime de la Falaise）穿著皮爾‧巴爾曼設計的波點上衣

資料來源：https://read01.com/zh-hk/gdjMP.html#.W5S3JCYnZMs (2018.06.10)

1950年馬克芯・德拉法蕾絲身穿薩爾・羅
莎（Marcel Rochas）設計的斗篷

資料來源：https://read01.com/zh-hk/gdjMP.
html#.W5S3JCYnZMs (2018.06.10)

↑1950年代皮爾・巴爾曼設計的服裝

資料來源：https://theredlist.com/media/database/fashion2/history/1950/pierre-
balmain-/031-pierre-balmain-theredlist.jpg (2018.06.10)

↗伊夫・聖羅蘭在Dior效勞三年期間，除了「新風貌」，Dior最有名的便是伊
　　夫・聖羅蘭「繭型設計」

資料來源：http://www.bombtips.com/Post/%E5%A5%B9%E6%98%AF%E6%89%
80%E6%9C%89%E5%A5%B3%E4%BA%BA%E7%9A%84%E5%A4%A2%E6%8
3%B3%EF%BC%8C%E5%91%8A%E8%A8%B4%E6%88%91%E5%80%91%E4%
BB%80%E9%BA%BC%E6%89%8D%E6%98%AF%E7%9C%9F%E6%AD%A3%
E7%9A%84%E5%84%AA%E9%9B%85.html (2018.06.10)

八、1960年代──青春反叛的經典年代、反傳統的時裝風格、最美好的年代

　　1960年代可稱為最瘋狂的年代,搖滾樂、嬉皮、社會運動等上演,時尚潮流從1950年代「最優雅的年代」,蛻變成「最青春、反叛的經典年代」。1960年代和1970年代是充斥著活動、暴力、抗議、叛亂、實驗和反主流文化的時代。在這二十年發生很多戲劇性的事件。時裝潮流經歷巨變,新設計師崛起,更多國家開始對時裝界產生影響。由於古巴革命(1953-1959)導致東西方之間的「冷戰」,人們仇視整個社會,公眾透過反傳統的時裝風格宣洩不滿。

　　1960年代期間,浮現的政治、社會和經濟問題,至1970年代越演越烈。人民抗議政府,從而產生一群「嬉皮士」(Hippie或Hippy)[45];嬉皮士的裝扮可視為1950年代披頭族(Beatnik)[46]的延續。「披頭族」與「嬉皮士」風格仍有些區別。「披頭族」多半喜歡昏暗色調及深色服飾、留山羊鬍鬚;「嬉皮士」則喜歡具有迷幻風格的艷麗色彩、蓄長髮。嬉皮士的衣服包括拼布圖案的上衣、牛仔褲、帶條紋格子的襯衫,並以印花、銀鈕或刺繡裝飾。兩者的區別不僅表現在外表,「披頭族」以「冷漠、抑制情感」著稱,而「嬉皮士」則追求「心靈和生活方式」的解放,竭力表現個人特色;「披頭族」通常對政治漠不關心,而「嬉皮士」則熱衷參加民權運動和反戰運動,尤其嬉皮士對愛與和平的追求態度,是回應冷戰結構下戰爭帶給人類的恐懼。

　　1960年代早期服裝承襲「Box Dresses」(直筒裙)及1950年代末的服裝風格;1960年代中期,時尚從倫敦街頭與小蠻腰中獲取靈感;1960年代末期,深受披頭四樂隊(The Beatles)影響,女性服裝更加中性化。縱觀整個1960年代,每個人對時尚都充滿主觀性的年代;服飾流行主要是受到幾個因素影響:(1)美國電影影響:藍色牛仔褲因美國電影的影響而流行,在美國和歐洲歐美各地,牛仔褲漸漸成為日常服裝。那個年代抗議核武發明的示威者,牛仔褲是他們的「制服」。電影明星穿漩渦裙(Swirl Skirt)與頸巾、滑順的織物與鴕鳥羽毛、

長及小腿、寬肩及軟緞等布料，廣受大眾歡迎。「A字裙」從當時另類名模崔姬（Twiggy, 1949-）[47]穿後，變成當年最耀眼標籤，極短裙子與無腰身設計從此奠定時尚地位；(2)名人影響：當時美國第一夫人賈桂琳・甘迺迪（Jacqueline Kennedy）塑造出輪廓鮮明、簡單樸素的個人風格，受到世界各地的女士喜愛及模仿；(3)「反文化」思潮影響：戰後嬰兒潮的緣故，使得年輕人口特別多，自然成為服飾品牌主顧客群；1960年代的服裝特色為「衝破傳統的限制與禁忌」。戰後嬰兒潮（次文化青少年）抗拒傳統權威與官僚體系、反越戰；將「年輕文化」、「大眾文化」[48]、「性自由」、「女權運動」四者結合的特質。年輕次文化的發展，將人生價值觀念透過服飾表達其團體。在服飾審美價值方面，深受「普普藝術」（Pop Art）[49]風格影響，出現「趣味性、年輕化」的造型與款式，以及流行未來金屬感。例如應用重複的幾何圖型、亮眼的印花圖案、對比強烈的黑白樣式等的服飾設計；安迪・沃荷（Andy Warhol, 1928-1987）的普普風格與披頭四樂隊的解放為主流時尚。

　　1960年代，自由年輕一代的反叛思想領導著裝革命，「披頭士」引領細腿褲潮流，「摩德風格」（Mods）[50]受到廣泛歡迎，嬉皮士的波希米亞民族風打扮是從1960年代末開始盛行，1960年代末期是喇叭褲的時代，預示1970年代這些風格會愈發明顯。1960年代許多「泰迪男孩」（Teddy Boys）轉變成搖滾客（Rockers），其特徵為穿著皮衣皮褲，戴著鐵鍊騎乘重型機車，並且成為Mods的死對頭。1960年代流行的著裝更加簡潔與優雅，寬大的軍大衣下依然是得體的襯衫領帶的搭配，配上墨鏡，摩登感十足。隨著1960年代的演進，男孩兒風格（Boyish Style）及中性風格隨之普及，胸圍此時被時裝界放棄，女性開始穿著傳統的男性衣服，包括黑色、男裝款式的鞋子、蘇格蘭方格花紋的夾克與長褲，配上對比鮮明的背心。此時期的男孩兒風格並不限於「街頭時尚」，男性時裝在此時「柔性化」，例如此時期義大利設計師為男士正式衣著融入柔性化風格。1960年代末期，時尚界所有的限制都被打破；女性與男性穿著同樣的衣服，這並非將女性的氣質

完全摒棄,而是女裝變得男性化,而男裝變得女性化。

1960年代的服裝特徵是衝破傳統的限制和禁忌,以「解放身體」為主導,廣告與媒體最醒目的詞彙是「年輕」。自由的年輕一代所領導的著裝革命集中爆發在1960年代末,當時的性解放運動引起社會的巨大轉變;例如羅馬的「甜美生活」(La Dolce Vita)與倫敦的「搖擺倫敦」(Swinging London)深刻影響時代變遷。這個解放風潮帶來各種膝蓋以上的迷你裙(Mini Skirt),以大衣、洋裝的款式呈現;這個時代為女性帶來的解放,不僅是裙長的改變,更是穿著習慣的改變;因為之前的女性服裝兩件式居多,一件式的裙裝屬於華麗隆重的場合;而時下的迷你裙便可以符合女性日常著裝。因此,1960年代被許多設計師稱作「最美好的年代」,當時的復古潮流直到現在仍被當成創作靈感。1960年代消費世界無遠弗屆,郵購目錄及倉庫使用蓬勃發展,許多公司決定為年輕時尚(青少年)另立部門。

1960年代瑪麗・關(Mary Quant)的迷你裙是當時最典型的流行風格;運動休閒型的寬鬆裙和襯衫裙很流行;襯衫、長馬甲與無領無袖連衣裙也很流行。CHANEL套裝與女褲開始被人們接受並成為經典;1964年,皮爾・卡登發布的「太空時代」(Space Age)系列,標誌這種趨勢的開始。這種風格的主要風格主要特徵是將閃光或帶有金屬質感的面料與透明的彩色塑料或PVC等材質混合運用在服裝中。這一時期服裝主要強調的是簡約線條、「A型」迷你裙,無性別的風格和明亮的色彩。太空時代設計師包括皮爾・卡登、安德烈・庫雷熱(André Courrèges)、帕克・拉邦娜(Paco Rabanne)、約翰・貝特(John Bates)等的服裝系列造成轟動;設計包含在腰線上開洞的合成纖維洋裝,宛如頭盔般的頭飾,並且印上狂野與之字形的圖案等。以及安德烈・庫雷熱與美國加州設計師魯迪・基諾里奇(Rudi Gernreich),設計出透明的女裝恤衫及無上裝泳衣,震驚整個時裝界。另外,比爾・吉布(Bill Gibb)、桑德拉・羅茲(Zandra Rhodes)及羅拉・雅斯里(Laura Ashley)等設計師,成功地將嬉皮士

風格的元素融入商業時裝內。伊夫・聖羅蘭則推出民俗風的狩獵裝、異國風情的高級訂製服及令人驚艷的吸菸裝（Le Smoking）等。

↑1960年代皮爾・卡登設計的太空時代服裝

資料來源：https://designkultur.wordpress.com/2011/10/11/fashion-when-the-future-was-ultramodern-samples-from-the-space-age/ (2018.06.20)

↗1969年帕克・拉邦娜設計的太空時代服裝

資料來源：https://designkultur.files.wordpress.com/2010/02/paco-rabanne-c3a0-gauche-haut-1969.png (2018.06.20)

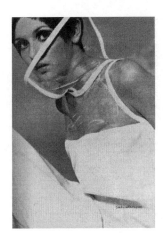

1966年約翰・貝特設計的太空時代服裝

資料來源：https://designkultur.wordpress.com/2011/10/11/fashion-when-the-future-was-ultramodern-samples-from-the-space-age/#jp-carousel-41764 (2018.06.20)

↑1964年魯迪・基諾里奇設計的「無上裝泳衣」

資料來源：https://designkultur.wordpress.com/2011/10/11/fashion-when-the-future-was-ultramodern-samples-from-the-space-age/rudi_gernreich-2/ (2018.06.20)

↗1968年伊夫・聖羅蘭設計加入綁帶與圓環腰帶的狩獵裝，將中性與柔美完美結合

資料來源：https://kknews.cc/fashion/4qln2kx.html (2018.06.20)

↘1967年伊夫・聖羅蘭開創中性風格，設計第一件「吸菸裝」

資料來源：http://www.iamhofashion.com/site/content?id=15127239843 (2018.06.20)

1960年代

◉代表服裝（女）

- 開始流行迷你裙、牛仔褲，超短迷你裙搭配窄身靴。
- 崇性主義注重「性感」，服裝暴露出更多身體部位。時裝裙腳變化多端；衣服混合不同長度是時髦的指標，例如：迷你裙襯長外套或背心。
- 服裝設計應用幾何、垂直、對比線條（如YSL幾何洋裝）。
- 「普普藝術」風格的服飾，例如：印有「安迪沃荷╳康寶」的A字裙。
- 不收腰的迷你連衣裙（Mods迷你裙）。

↑1960年代安德烈‧庫雷熱是第一位推出超短迷你裙的時尚品牌

資料來源：https://kknews.cc/fashion/4qox3m3.html (2018.06.20)

↗1965年伊夫‧聖羅蘭取材荷蘭畫家蒙德里安（Piet Mondrian）畫作所設計的「蒙德里安」裙

資料來源：http://www.iamhofashion.com/site/content?id=15127239843 (2018.06.20)

安迪・沃荷1962年將設計的康寶湯（Campbell's Soup Cans）圖樣應用於當時的時裝設計

資料來源：http://joyce71206.pixnet.net/blog/post/367984323-%E4%B8%89%E5%88%86%E9%90%98%E7%9C%8B%E5%AE%8C%E7%99%BE%E5%B9%B4%E6%99%82%E5%B0%9A---%E5%BE%9E-1910-~-2015-%E7%B2%BE%E5%BD%A9%E7%9A%84%E6%9C%8D (2018.06.20)

◉代表造型（女）

・煙燻妝、強調上下假雙、眼線、睫毛的洋娃娃式妝扮，例如以短髮、大眼、瘦扁、充滿小女孩天真無邪風格成名的英國名模崔姬。

英國名模崔姬被譽為「世界上第一位超級名模」

資料來源：https://www.google.com.tw/search?q=%E6%A8%A1%E7%89%B9%E5%85%92Twiggy&tbm=isch&tbs=rimg:CdCuGR8joDJGIjifBdJppST4H5AHMf_1hvGkhq8SBd3rQUG3virQOebueTIOQljEBGxyEygie8Oi9HVpF61aJtj8-cyoSCZ8F0mmlJPgfEaKhCQ7wsDNqKhIJkAcx_1-G8aSERSSu_12TXga0MqEgmrxIF3etBQbRGSulBZkF2gvioSCe-KtA55u55METjLGw4bra72KhIJg5CWMQEbHIQRQ0NlP_1jScr0qEgnKCJ7w6L0dWhFETKG1Auwa2yoSCUXrVom2Pz5zEeKeCr9LCmhm&tbo=u&sa=X&ved=2ahUKEwj59ITs9KrdAhUCiLwKHZg2DDYQ9C96BAgBEBs&biw=1301&bih=619&dpr=1.05#imgrc=ygie8Oi9HVqgHM:&spf=1536392905590 (2018.06.20)

- 髮型包括蓬鬆自然的髮型及短髮、中性風、俐落髮型、獅子頭等。
- 瑪麗‧關設計的迷你裙、熱褲、褲裝、低掛到屁股上的腰帶、有長長背帶的手袋、色彩鮮豔的塑料外衣等，受到年輕人近乎狂熱的歡迎，是嬉皮士的最愛，成為1960年代的象徵。
- 「嬉皮士」的波希米亞民族風特徵為長髮、大鬍子、色彩鮮艷衣著或異常衣飾。

嬉皮士1960年代晚期的風格，一直延續到1970年代

資料來源：http://chic-animal.blogspot.com/2013/05/60.html (2018.06.20)

◉代表服裝（男）

皮爾‧卡登式高鈕位、無領夾克衫。鮮艷的顏色亦開始走進男性衣櫃。

◉代表特徵（男）

男士將頭髮留長，並脫下西裝與領帶。

◉代表風格（男）

柔性化風格。

改變時尚潮流的設計師

1960年代最具代表三位年輕服裝設計師為瑪麗‧關、皮爾‧卡登、帕克‧拉邦娜；此外，安德烈‧庫雷熱推出「未來主義」

（Futurism）設計風格，瓦倫蒂諾·加拉瓦尼（Valentino Garavani）於1962年在義大利佛羅倫斯碧提宮（Pitti）廣場舉辦首次時裝秀，開始嶄露頭角；以及伊夫·聖羅蘭的經典作品，令人回味無窮。

◆「迷你裙之母」瑪麗·關

　　瑪麗·關（Mary Quant, 1934-，英國設計師）受到女權、青年運動與普普藝術的影響，1955年與朋友在英皇大道開設販售價錢合宜、年輕人也能夠負擔得起的時裝店「巴薩」（Bazaar）。1965年，迷你裙及太空時代的青少年女裝風靡全球，瑪麗·關為英國少女將裙下襬提高到膝蓋上四英寸，英國少女的裝扮成為仿效的「英國造型」；同年，瑪麗·關設計雨衣、緊襪、內衣與游泳衣；其設計風格活潑、青春、剪裁簡單、色彩強烈。至今迷你裙與熱褲（Hot Pants）是否屬於瑪麗·關發明眾說紛紜，法國人認為迷你裙是法國時裝設計師安德烈·庫雷熱創造的。安德烈·庫雷熱的確是最早推出迷你裙品牌的設計師，與瑪麗·關不同的是，其設計充滿未來主義色彩。但可以說瑪麗·關喜歡穿短裙感染了顧客，而帶動迷你裙熱潮，瑪麗·關甚至認為迷你裙是街頭少女自己流行起來的。

　　瑪麗·關是第一位將設計客群目標鎖定在青少年身上的設計師；設計的服裝以簡單直線為特點，與複雜的巴黎時裝相比，顯得非常清純、活潑。瑪麗·關的設計包括時裝、飾品、化妝品，都是同樣簡潔的設計理念。瑪麗·關設計的迷你裙、熱褲、褲裝、低掛到屁股上的腰帶、有長長背帶的手袋、色彩鮮豔的塑料外衣等，受到年輕人近乎狂熱的歡迎，是嬉皮士的最愛，成為1960年代的象徵。她以一朵黑色的皺菊作為標誌，應用在所有產品包裝上，是品牌意識成熟的標誌。瑪麗·關塑立女性追求「年輕、活潑、朝氣」的意識與解放的心聲，受到西方各地年輕女性的狂熱追捧，更掀起以連褲襪代替長襪的熱潮，同時催生膠靴興起。瑪麗·關是1960年代最具典型意義的時裝設計師，是英國普普設計中最耀眼的明星；由於瑪麗·關的創意，時尚在1960年代變得更加年輕化，同時也更民主及國際化。

1966年瑪麗‧關穿著迷你短裙獲頒發大英帝國勳章
資料來源：http://hokkfabrica.com/
wednesday-women-mary-quant-miniskirt/
(2018.06.20)

◆「幾何大師」皮爾‧卡登

　　皮爾‧卡登（Pierre Cardin, 1922-，法國設計師）設計風格大膽，應用精湛技術與藝術修養，融合稀奇古怪的款式設計與對布料的理解，將褶襉、縐褶、幾何線條巧妙地融為一體，創造突破傳統展現時尚的新形象。皮爾‧卡登設計的男裝應用神父的「立領」造型，打破以往「襯衫領」打領帶的模式，例如無領夾克、哥薩克領襯衣、捲邊花帽等，提供男士服裝更大的自由度。披頭四樂隊穿著的皮爾‧卡登式高鈕位、無領夾克衫就是1960年代時髦男子的必備，搭配高圓套領羊毛衫，展現悠閒而雅緻的氣質。皮爾‧卡登女裝善用鮮艷強烈，純度、明度、彩度都格外飽和的紅、黃、鑽藍、湖綠、青紫顏色，配合款式造型誇張，頗具現代雕塑感。

　　皮爾‧卡登受到「美國阿波羅11號」於1969年7月成功登陸的影響，鑑於人類在此年代熱衷於太空探索及對科技崇拜，將此觀念應用於服裝設計，推出「宇宙太空時裝」（Space Fashion）。

1963年搖滾樂團「披頭四樂隊」穿著皮爾·卡登式高鈕位、無領夾克衫

資料來源：http://images5.fanpop.com/image/photos/31800000/The-Beatles-1963-the-beatles-31890892-1600-1022.jpg (2018.06.20)

1965年皮爾·卡登設計的太空時代「自行車手」服裝

資料來源：https://designkultur.files.wordpress.com/2010/02/l_78bb1ffe647b481cecdd3fbcdecee4f7.jpg (2018.06.20)

◆帕克·拉邦娜

　　1965年創立自己的品牌「Paco Rabanne」。帕克·拉邦娜（Paco Rabanne, 1924-，西班牙設計師）具備建築設計背景，因此，在設計時的思考迥異於其他時尚設計師。帕克·拉邦娜善於運用特殊的材料，例如塑膠料、皮革、毛毛、雷射唱片、各類型金屬等等，應有盡有，雖然帕克·拉邦娜也使用些既有的材料，但帕克·拉邦娜企圖以另一種角度，創造出另一種潮流。1966年帕克·拉邦娜應用金屬材質，推出由金屬片製成的款式，顛覆傳統服裝只以布料為唯一素材之認知，

開創服裝另一種新型態。

　　帕克‧拉邦娜重新定義與時代不協調的遺留傳統，帕克‧拉邦娜認為時尚是一個表示個性的工具，而不是社會地位的象徵；衣服可以修飾人的思想或形體。帕克‧拉邦娜推出的香水展現「我相信時裝和香水，與時代協調一致至關重要。我是為現代、積極與活力四射的女性設計時裝與香水」的理念。

1960年代帕克‧拉邦娜以金屬片製成的款式
資料來源：https://designkultur.files.wordpress.com/2010/02/paco-rabanne.png (2018.06.20)

◆「未來主義」之父安德烈‧庫雷熱

　　1970年代日漸流行的嬉皮風與民族風風行後，安德烈‧庫雷熱（André Courrèges, 1923-2016）便淡出時尚舞台；至今時尚界仍在其作品中汲取靈感，不斷產生更加符合時代精神的作品。

　　當香奈兒仍堅持女人不能露膝蓋，因為「那是人體最醜的部分」時，安德烈‧庫雷熱顛覆性地成為最早推出超短裙的時尚品牌，自此名聲大噪。安德烈‧庫雷熱認為女裝應該與男裝一樣實用；繼香奈兒之後，安德烈‧庫雷熱將男裝的設計素材運用於女裝設計，無論裙裝或褲裝，應用線條筆直、犀利、有稜有角，並展現明顯的中性風。

　　安德烈‧庫雷熱在二戰時期曾擔任美軍飛行員；1960年代，巨型火箭將人類送上太空，全球掀起波關注太空與航天技術熱潮；安德烈‧庫雷熱乃於1964年發表「月亮女孩」（Moon Girl）時裝系列，以

1964年安德列‧庫雷熱發表「月亮女孩」時裝系列，宣告「未來主義」來臨

資料來源：https://www.weibo.com/ttarticle/p/show?id=2309404034504305065016 (2018.06.20)

銀白色調為主調，銀色緊身褲襪（Leggings）搭配白色PVC短靴，將盔甲披在身上，宣告「未來主義」來臨。

安德烈‧庫雷熱推出「未來主義」為主題之服裝系列，應用塑膠、金屬色澤、皮質高靴、誇張輪廓、鮮亮色塊，以及以鋼盔為靈感設計的鐘形帽、奇異的太空人眼鏡等經典元素，成為時裝界「未來主義」潮派的鼻祖。

安德烈‧庫雷熱具備建築工程師背景，其設計簡潔，款式單純而抽象，注重功能性，純裝飾性設計很少，裝飾都是結構上的需要；只應用純淨白色、黑色或濃烈飽和的紅色。安德烈‧庫雷熱認為成功的設計來自於對功能全面的理解，理解功能，外表形式便自然而成。

「未來主義之父」安德烈‧庫雷熱

資料來源：https://www.google.com.tw/imgres?imgurl=https://mediamass.net/jdd/public/documents/celebrities/378.jpg&imgrefurl=https://cn.mediamass.net/yule/andre-courreges&h=300&w=300&tbnid=K1yudBeLVarGCM:&q=%E5%AE%89%E5%BE%B7%E7%83%88%E2%80%A2%E5%BA%AB%E9%9B%B7%E7%86%B1(Andr%C3%A9+Courr%C3%A8ges)&tbnh=160&tbnw=160&usg=AFrqEzf0GdWHeyVMHVcqs2EuHlo1KiBqug&vet=12ahUKEwjh9a3Y5q3dAhVIW7wKHacZAxwQ_B0wEHoECAoQFA..i&docid=KgrxaHb3V5D7BM&itg=1&sa=X&ved=2ahUKEwjh9a3Y5q3dAhVIW7wKHacZAxwQ_B0wEHoECAoQFA (2018.06.20)

↑1966年安德烈‧庫雷熱設計的太空時代「未來主義」服裝

資料來源：http://theswinginsixties.tumblr.com/post/39271102600/
lingerie-fashion-designer-shopping-sale-beauty-clothes-b (2018.06.20)

↗安德烈‧庫雷熱設計的太空時代「未來主義」服裝

資料來源：https://read01.com/zh-tw/DGD4zd.html#.W5T5DiYnZMs
(2018.06.20)

◆「義大利流行界天王」瓦倫蒂諾‧加拉瓦尼

　　20世紀60年代初，瓦倫蒂諾‧加拉瓦尼（Valentino Garavani,
1932-，義大利設計師）移居羅馬並開設第一家工作室。1962年在佛羅
倫斯碧提宮廣場舉辦令人難忘的首次時裝秀；當時，「La Dolce Vita」
（義大利語：放蕩）盛行，在動盪而富有激情的年代，天才時尚設計
師瓦倫蒂諾‧加拉瓦尼開始嶄露頭角。1965年被Women's Wear Daily
譽為「羅馬最富明星色彩的設計師」，成為義大利知名時裝設計師。
1967年，瓦倫蒂諾‧加拉瓦尼獲得「內曼‧馬庫斯時尚獎」，相當於
當時時尚界的奧斯卡大獎。瓦倫蒂諾‧加拉瓦尼首創用字母組合作為
裝飾元素；最典型的是1968年的「白色系列」（White Collection），
瓦倫蒂諾‧加拉瓦尼的「V」開始出現在時裝、飾品及皮帶扣上。
1970與1980年代，瓦倫蒂諾‧加拉瓦尼成為同時推出男式與女式成衣
的首位高級時裝設計師。

↑瓦倫蒂諾‧加拉瓦尼
資料來源：https://read01.com/zh-tw/mE3Oxj.html#.W5OZ_CYnZMs（2018.06.20）

↗1968年瓦倫蒂諾‧加拉瓦尼的經典「白色系列」
資料來源：https://read01.com/mEJN4oR.html#.W5UyWCYnZMs (2018.06.20)

↑1968年瓦倫蒂諾‧加拉瓦尼春夏女裝系列
資料來源：https://read01.com/mEJN4oR.html#.W5U04iYnZMs (2018.06.20)

↗1960年代瓦倫蒂諾‧加拉瓦尼的服裝
資料來源：https://read01.com/L5Dmax.html#.W5OXUCYnZMs (2018.06.20)

◆「賦予女性力量的設計大師」伊夫‧聖羅蘭

　　伊夫‧聖羅蘭（Yves Saint Laurent, 1936-2008）19歲進入Dior擔任迪奧先生的助手，1957年當創始人克里斯汀‧迪奧逝世，一個月後伊夫‧聖羅便臨危受命擔任Dior的首席設計師，成為世界上最年輕的女服設計師，那年他才21歲。1962年與皮爾‧貝熱（Pierre Bergé）共同創立時尚品牌「Yves Saint Laurent」（YSL），發表的「水手外套」、鬱金香線條等服裝，成為時裝界的新面貌，讓一向被視為上層社會專屬的流行時裝體系，澈底被摧毀瓦解，促進成衣平民化的開端。伊夫‧聖羅蘭的設計天賦，具獨特的創作風格與魅力，打破1960年代保守審美觀，為女性設計當時被認為是侵犯男性尊嚴的褲裝，引領時尚潮流，並回應即將解放的女性運動。伊夫‧聖羅蘭於1960年代設計女性第一款的吸菸裝、連身褲裝、經典風衣夾克等，大膽地將中性面貌帶入女性的服裝剪裁中，賦予女性力量（Power）的設計表現。此外，伊夫‧聖羅蘭設計民俗風的狩獵裝與異國風情的高級訂製服，將多元文化的色彩與元素帶入當時的時尚界。伊夫‧聖羅蘭的「創意」表現，來自天馬行空的創作天份及厚實的藝術內涵，萃取不同時代與藝術、文化品味的靈感，詮釋不同世紀的風格與樣貌，結合各種想像付諸於設計美學的表現，讓每套服裝保有其背景故事。伊夫‧聖羅蘭的許多創作成為現今服裝樣貌中的經典代表，持續影響女性的穿衣態度與生活品味。前伴侶也是事業夥伴皮爾‧貝熱描述：「香奈兒女士給予女人自由，聖羅蘭則賦予她們力量。」（Gabrielle Chanel gave women freedom. Yves Saint Laurent gave them power.）

　　馬克芯‧德拉法蕾絲（Maxime de la Falaise）的女兒露露‧德拉法蕾絲（Loulou de la Falaise）一直是伊夫‧聖羅蘭生前的靈感繆斯與配飾設計師。據說伊夫‧聖羅蘭的經典之作「吸菸裝」與透視裝革命，創作靈感便是來自露露‧德拉法蕾絲。

↑伊夫‧聖羅蘭與合作夥伴皮爾‧貝熱
資料來源：http://www.iamhofashion.com/site/
content?id=15127239843.jpg （2018.06.20）

↗1962年伊夫‧聖羅蘭設計的金排釦大衣
資料來源：http://www.iamhofashion.com/site/content?id=15127239843.jpg
(2018.06.20)

↑1966年伊夫‧聖羅蘭向藝術家湯姆‧維塞爾曼（Tom Wesselmann）致敬的
　普普藝術系列裙
資料來源：http://www.iamhofashion.com/site/content?id=15127239843 (2018.06.20)

↗露露‧德拉法蕾絲穿著YSL的吸菸裝
資料來源：https://read01.com/zh-hk/gdjMP.html#.W5TDqSYnZMs (2018.06.20)

伊夫・聖羅蘭經典的異國風情服裝

資料來源：http://www.iamhofashion.com/site/content?id=15127239843 (2018.06.20)

1960年代紀事	
1960	瓦倫蒂諾・加拉瓦尼（Valentino Garavani）在羅馬成立VALENTINO公司。
1961	Dior設計師馬克・博昂（Marc Bohan, 1926-）[51]推出「Slim Look」（纖細風貌）系列。
1963	馬克・博昂推出筆桿式線條；伊夫・聖羅蘭推出運動風格；安德烈・庫雷熱（André Courrèges）推出軍裝風貌。
1964	人造皮革出現。
	CHANEL──長褲風貌。
	安德烈・庫雷熱發表「月亮女孩」（Moon Girl）時裝系列，宣告「未來主義」來臨。
	「VOGUE」以11頁專題報導以奧黛麗・赫本為模特兒的紀梵希時裝特集；于貝爾・德・紀梵希（Hubert de Givenchy, 1927-2018）在巴黎頂尖設計師的地位便是在此時確立。
1965	瑪麗・關（Mary Quant）推出迷你裙。
	安德烈・庫雷熱帶動太空裝的潮流；幾何形的剪裁、超短迷你裙、針織連身短褲、幾何形圖案與高筒靴為基本元素。
1966	文化大革命毛領、毛裝盛行。
	皮爾・卡登發表「宇宙太空裝」。
	服裝受歐普藝術影響。
	帕克・拉邦娜應用金屬材質，推出由金屬片製成的款式。
	美國第一夫人賈桂琳・甘迺迪將穿著迷你裙的照片被刊登在《紐約時報》上，這種短小青春的時裝被給予肯定地位。1966年也因此成為「迷你裙年」，成為當時性解放、女權運動的最佳廣告。從此風靡全球。

1967	女性狩獵外套誕生。
	伊夫・聖羅蘭（Yve Saint Laurent）推出「吸菸裝」（Le Smok-ing）。
	德國設計師吉兒・珊德（Jil Sander）開設首間時裝店。
1968	裙長短至膝上20～30公分。
	嬉皮風格的服裝。
	迷地及迷嬉裝、低腰窄腿褲、牛仔褲。
	伊夫・聖羅蘭推出「透視裝」。
	瓦倫蒂諾・加拉瓦尼推出「白色系列」（White Collection）服裝。
1969	瑪麗・關推出熱褲（Hot Pants）。
	依據裙腳設計各有不同，設計師推出迷你裙、超短迷你裙、中長裙（迷地型）與長裙（迷嬉裝）等各種形式。
	迷你裙的風行，帶動獅子頭的流行。
1969（-1970）	喇叭褲、低腰短裙。

1963年Dior設計師馬克・博昂的服裝

資料來源：http://www.timemap.com.cn/weiba/Lq41370XK1 (2018.06.20)

「義大利流行界天王」瓦倫蒂諾‧加拉瓦尼生平紀事[52]

　　瓦倫蒂諾‧加拉瓦尼（Valentino Garavani, 1932-）是時裝史上公認的最重要的設計師和革新者之一。富麗華貴、美艷灼人是VALENTINO品牌的特色。瓦倫蒂諾‧加拉瓦尼喜歡用最純的顏色，其中鮮艷的紅色是瓦倫蒂諾‧加拉瓦尼的標準色。瓦倫蒂諾‧加拉瓦尼從整體至小細節的做工十分考究。瓦倫蒂諾‧加拉瓦尼首創用字母組合作為裝飾元素。瓦倫蒂諾，以與生俱來的藝術靈感，在繽紛的時尚界引導著貴族生活的優雅，演繹著豪華、奢侈的現代生活方式；是豪華、奢侈的生活方式的象徵，極受追求完美的名流喜愛。

　　1960年代中期，瓦倫蒂諾‧加拉瓦尼已成為無可爭議的義大利知名時裝設計師；1970及1980年代，瓦倫蒂諾‧加拉瓦尼成為同時推出男式與女式成衣的首位高級時裝設計師。瓦倫蒂諾‧加拉瓦尼的創作與企業家生涯成為義大利時尚界的重要部分；瓦倫蒂諾‧加拉瓦尼的名字代表著想像和典雅，現代性與永恆之美。VALENTINO品牌服飾每年總有意想不到的服裝問世，代表華麗壯美的生活與方式，體現永恆的古羅馬宮廷的富麗堂皇，述說奇特的時尚潮流觀點。

1932　出生於義大利Voghera。

1960　在羅馬成立VALENTINO公司。

1962　在碧提宮廣場上舉辦令人難忘的首次時裝秀；當時，「La Dolce Vita」（義大利語：放蕩）盛行，在這動盪而富有激情的年代，瓦倫蒂諾‧加拉瓦尼，這位天才時尚設計師開始嶄露頭角。

1967　獲得「內曼‧馬庫斯時尚獎」、意美基金會獎。

1968（-1973）　VALENTINO公司被肯通（Kenton）公司接管。
　　　推出「白色系列」是最典型以字母組合作為裝飾元素；以

「V」開始出現在時裝、飾品及帶扣上。

1969　相繼開發推出系列香水、皮鞋、太陽眼鏡、室內裝飾用紡織品、禮品、隨身皮件、打火機、煙具等系列產品，總數有58項之多，經銷網遍及世界各大城市。

1973　瓦倫蒂諾重新購回公司。

1984　義大利國家奧林匹克委員會委託瓦倫蒂諾‧加拉瓦尼為參加洛杉磯奧運會的運動員設計正式制服。

1990　2月，瓦倫蒂諾‧加拉瓦尼和他的長期夥伴Giancarlo Giammetti與資助人Elizabeth Tayor共同設立L.I.F.E.，這是一個幫助飽受愛滋病之苦的兒童的非營利性機構。

1991　舉辦30週年系列盛大活動。並在三百多件簽名服裝的展示中，推出以「VALENTINO：神奇的30年」為主題的自傳書。

2000　瓦倫蒂諾‧加拉瓦尼獲得由美國時尚設計師委員會頒發的終生成就獎。

2001　3月，茱莉亞‧羅伯茨（Julia Roberts）穿著VALENTINO的古董裙出席奧斯卡頒獎禮，並領取奧斯卡最佳女主角獎，成為世界焦點。

2002　2月24日，在全球直播的鹽湖城冬季奧運會閉幕儀式上，瓦倫蒂諾‧加拉瓦尼代表義大利出席。

2005　透過成立「Valentino Fashion Group」（瓦倫蒂諾時尚集團），瓦倫蒂諾‧加拉瓦尼的名字終於出現在股票市場上。
　　　2月，凱特‧布蘭琪（Cate Blanchett）以《娛樂大亨》（The Aviator）一片榮獲奧斯卡最佳女配角時，便穿著瓦倫蒂諾‧加拉瓦尼為她量身訂造的一襲黃色長裙，艷光四射。2005年金球獎頒獎禮，荷爾‧巴莉荷莉‧貝瑞（Halle Berry）所穿著的米色雪紡裙、娜歐蜜‧華茲（Naomi Watts）的白色絲裙、克萊兒‧丹妮絲（Claire Danes）的紫色絲裙以及派翠西

亞・艾奎特（Patricia Arquette）的紅色裙，均出自瓦倫蒂諾
之手。

◉設計風格

　　瓦倫蒂諾・加拉瓦尼的剪裁精美絕倫，應用高級進口面料，展
現華貴奢侈的風格；以黑色加金色的刺繡，透出縷縷神祕含蓄美。
瓦倫蒂諾・加拉瓦尼的設計貼身的線條配上貼身的針腳、裙長不過
膝，突顯身材，充滿女性化、人性和細緻的韻味。瓦倫蒂諾・加
拉瓦尼設計的晚禮服長褲寬大的流線，充分顯現女性嫵媚味道。
瓦倫蒂諾・加拉瓦尼的設計重點包括露肚低腰褲、裙，和搭配半長
褲的恰恰裝及綴上泡泡細綢布的緊身短褲。富麗華貴、美艷灼人
是VALENTINO品牌的特色，瓦倫蒂諾・加拉瓦尼喜歡用最純的顏
色，鮮艷的紅色是瓦倫蒂諾・加拉瓦尼的標準色，其做工考究，從
整體到每個小細節，都力求做得盡善盡美。VALENTINO品牌是豪
華、奢侈的生活方式象徵，極受追求十全十美的名流鍾愛。

九、1970年代──享樂狂歡重回自然──闊腿褲崛起、現代化時尚

　　1970年代中期，當時的英國有兩種極端，一是嚴謹正統的王室形
象，另外是崇尚自由與叛逆的龐克文化。

　　1970年代女性解放運動產生；女性流行穿褲裝，反映這個階段女
性「成熟、幹練」形象；女性開始注重保養的概念，並開始有「做
臉」的保養；注重眉及雙眼的彩妝立體感，眉及眼線反而淡化。1970
年代時興叛逆及古銅膚色的健康感；風行迪斯可、嬉皮士、龐克風、
鄉村風、民族風的年代；長褲、寬大罩衫、寬邊帽等都是當時的主
流，應用華麗色調、紋路、花及水珠等圖案的布料；以及受到美式流
行文化影響，「牛仔褲」（Jean）成為國際流行的主流服飾。這時期

「迷你裙」款式漸退流行,而出現「熱褲」、「高底鞋」(Platform Shoes);因此,1970年代予人的印象是「現代化時尚」。

　　1970年代在崇尚健康的潮流下,內衣的設計著重承托力;而第一個運動型內衣的設計,是將兩個男運動員用的下體彈力護罩縫在一起。1970年代的英國,追求「愛與和平」的嬉皮士文化與強調「性」及「破壞」的龐克文化是主流。設計師薇薇安‧魏斯伍德(Vivienne Westwood)及馬可‧麥克拉倫(Malcom McLaren)經營女裝店,出售拜物風格與橡膠製成的服裝,當時成為時尚產品,並對整個1980年代的設計產生重大影響。此時日本到歐洲發展的日籍服裝設計師開始嶄露頭角,例如三宅一生(Issey Miyake)、山本耀司(Yamamoto Yōji)、高田賢三(Takada Kenzo);這群黑頭髮黑眼睛的亞裔設計師的成功,不僅為歐美本位文化帶來一股清新、神祕莫測的東方之風,並且在東方本土鼓舞時裝業同行,開闢由東方通向世界時裝的舞台大道。

　　從1970年代開始,男裝越來越趨向隨身輕薄,經過「嬉皮士」運動、迪斯可與民俗風的影響,喇叭褲及印花襯衫為正裝帶來新形象;同時滌綸(Polyester,又稱聚脂纖維)與萊卡(Laika)面料進入主流。迪斯可流行舞曲的興起使喇叭褲開始流行於街頭巷陌,「貓王」艾維斯‧亞倫‧普里斯萊(Elvis Aaron Presley)將喇叭褲推向時尚巔峰。1970年代女性穿男性化的西裝與套裝,歐美出現男性熱門樂團,紐約娃娃樂團(The New York Dolls)以女性化裝扮;形成日後服裝「性別倒置」風氣的發展基礎。

紐約娃娃樂團穿著雌雄同體衣服(Androgynous Wardrobe),穿高跟鞋,戴古怪帽子
資料來源:https://en.wikipedia.org/wiki/New_York_Dolls#/media/File:New_York_Dolls_-_TopPop_1973_11.png (2018.06.18)

二戰中元氣大傷的義大利製衣業以二十年養精蓄銳，終於再現風華。義大利佛羅倫斯舉行的「Pitti Uomo」[53]是歐洲最重要的男裝展銷會，以傑尼亞（Zegna）為代表的「義大利製造」憑藉高水準的面料及剪裁工藝，吸引全球買家目光。幾年內，舉止優雅、擁有美好的身段的義式風格風靡全球，例如飛亞特汽車總裁賈尼・阿涅利（Gianni Agnelli）腕錶配戴在襯衣外，以及將領帶斜著戴，因此被《君子雜誌》（*Esquire*）評為史上五位最佳著裝男士之一。此外，成衣工業的蓬勃發展曾讓數以萬計的裁縫店關門大吉，隨著新產階級的形成，奢侈的生活方式釀為風尚；因此，西裝訂製（Bespoke Suit）行業重獲新生。

1970年代

◉代表服裝（女）

碎花圖案、手工針織、牛仔布流行（喇叭褲）長褲、寬大罩衫、寬邊帽等都是當時的主流；應用華麗色調、有紋路、花與水珠等圖案的布料。

1970年代女性服裝

資料來源：http://tieba.baidu.com/photo/p?kw=%E6%9C%8D%E8%A3%85%E8%AE%BE%E8%AE%A1&ie=utf-8&flux=1&tid=2259390935&pic_id=b7e6d52a6059252dc11be463359b033b5bb5b96c&pn=1&fp=2&see_lz=1 (2018.06.18)

1979年伊夫・聖羅蘭擷取畢卡索畫作靈感所創作的服裝

資料來源：http://www.iamhofashion.com/site/content?id=15127239843 (2018.06.18)

◉代表風格（女）

注重眉及雙眼的彩妝立體感；眉與眼線反而淡化。流行法拉頭（如霹靂嬌娃）、阿芙羅頭（黑人）、娃娃頭（白人）。

◉代表服裝（男）

牛仔褲。

◉代表特徵（男）

男生留長髮（ABBA合唱團）。

1970年代黑人頭

資料來源：http://old-fashion-trends.tumblr.com/ (2018.06.18)

1970年代年輕嚮往嬉皮式的生活，嬉皮士標準打扮是無論男女皆留一頭柔美的中分長直髮

資料來源：http://tieba.baidu.com/photo/p?kw=%E6%9C%8D%E8%A3%85%E8%AE%BE%E8%AE%A1&ie=utf-8&flux=1&tid=2259390935&pic_id=b7e6d52a6059252dc11be463359b033b5bb5b96c&pn=1&fp=2&see_lz=1 (2018.06.18)

◉代表風格（男）

男裝開始越來越趨向於隨身輕薄，經過「嬉皮士」運動，逐漸趨於穩健。

1972年麥可・傑克森（中間）與哥哥五人組

資料來源：https://zh.wikipedia.org/zh-tw/邁克爾・傑克遜#/media/File:Jackson_5_tv_special_1972.JPG (2018.06.18)

改變時尚潮流的設計師

◆「夾克衫之王」喬治・亞曼尼

喬治・亞曼尼（Giorgio Armani, 1934-，義大利設計師）[54]在米蘭大學讀醫科；1957年進入「La Rinascente」百貨當櫥窗設計工作。1961年轉行至「尼諾・切瑞蒂」（Nino Curruti）服飾公司擔任男裝設計師；1970年喬治・亞曼尼與他的合夥人賽吉歐・嘉萊奧帝（Sergio Galeotti）創立設計室，成為一個獨立設計坊，開始生產時裝。喬治・亞曼尼從傳統的呆板僵化的上衣中吸取精髓，設計出新穎、簡潔，讓頭髮可以自然垂下的便裝上衣，喬治・亞曼尼所有的設計不管男女都是以夾克為出發，1974年個人男裝設計發表會，深受好評，「夾克衫之王」的稱號不脛而走。1975年，喬治・亞曼尼與賽吉歐・嘉萊奧帝創辦「喬治・亞曼尼有限公司」，確立GIORGIO ARMANI商標及品牌正式誕生。

品牌創立之初，喬治・亞曼尼推出的第一個男裝系列便贏得普遍的讚譽，外套的特點是斜肩、窄領、大口袋。1975年7月，喬治・亞

曼尼推出無線條、無結構的男式夾克，在時裝界掀起革命。喬治・亞曼尼的設計輕鬆自然，看似不經意的剪裁，隱約凸顯人體的美感；既揚棄1960年代緊束男性身軀的乏味套裝，亦不同於當時流行的嬉皮風格。三個月後，喬治・亞曼尼推出一款鬆散的女式夾克，採用傳統男裝的布料，與男夾克一樣簡單柔軟，並透露著些許男性威嚴。此後，喬治・亞曼尼與法國時裝大師保羅・波列及可可・香奈兒，對女裝款式進行前所未有的大膽顛覆，從而使喬治・亞曼尼時裝成為高級職業女性的最愛。

到1970年代末，喬治・亞曼尼又將男西裝的領子加寬，並增加胸腰部的寬鬆量，創新推出倒梯形造型。經過1960年代與1970年代嬉皮士、龐克的紛雜混亂、變幻莫測，時下對那種光怪陸離的打扮方式心存倦意，而喬治・亞曼尼高雅簡潔、莊重灑脫的服裝風格，十足的義大利風範，恰好滿足人們新的時裝需求，令人耳目一新。

↑義大利設計師喬治・亞曼尼

資料來源：https://zh.wikipedia.org/zh-tw/喬治・阿瑪尼#/media/File:GianAngelo_Pistoia_-_Giorgio_Armani_-_Foto_1.tif (2018.06.18)

↗GIORGIO ARMANI外套的特點是斜肩、窄領、大口袋

資料來源：https://baike.baidu.com/pic/阿瑪尼/1661/2642183/61183b2da226ef7b349bf7f9?fr=lemma&ct=cover#aid=2642183&pic=1f5694829e0d8ddff603a6f9 (2018.06.18)

◆「龐克教母」薇薇安・魏斯伍德

　　薇薇安・魏斯伍德（Vivienne Westwood, 1941-，英國服裝設計師）屬於非正統的極端；在1970年代叛逆不羈的年代，薇薇安・魏斯伍德，掌握時代精神，將叛逆元素融入作品中，改變了音樂、時尚、文化與世界觀。

　　薇薇安・魏斯伍德是1970年代深受龐克文化影響的服裝設計師。這種「龐克派服裝」包括性虐待服裝、束縛式繫帶、安全扣針、刀片及鎖鏈等標誌性飾物，以及誇張的頭髮及化妝。這種服裝的基本設計引入傳統蘇格蘭設計元素（如格子布），並將16、17世紀中古衣服裁縫技術重新詮釋衣服的意義，例如在男裝長褲中加入誇張裁縫線條；這種混合傳統元素的嶄新服裝，整體效果令人「震驚」。

　　薇薇安・魏斯伍德的設計，如同披頭四的音樂、迷你裙與街頭流行，代表英國地位。薇薇安・魏斯伍德品牌精神在表現肉慾主義的裝著、浪蕩不羈的模樣，血淋淋圖樣的T恤、假皮燈籠褲，表達不受傳統束縛與絕對抵抗到底的前衛態度，例如以S&M加以轉化調味的服裝、印滿精神標語的T恤、撕裂海盜服的風格等，反映薇薇安・魏斯伍德為1970年代的搖滾龐克與1980年代的新浪漫主義詮釋的時代精神。

　　薇薇安・魏斯伍德與馬可・麥克拉倫經營女裝店，出售拜物風格的及橡膠製成的服裝，設計釘鐵釘、掛鎖鏈衣服。並陸續推出具裂縫與以皮帶舒緩身體等前衛激進的服裝款式，表現對傳統習慣及體系的反抗；這種風格贏得英國年輕人青睞，引領1970年代的英國龐克時尚，並對整個1980年代的設計產生重大影響。

2014年的英國設計師薇薇安・魏斯伍德
資料來源：https://zh.wikipedia.org/wiki/薇薇安・魏斯伍德#/media/File:Vivienne_Westwood_2014.jpg (2018.06.18)

↑1972年薇薇安‧魏斯伍德推出「雞骨搖滾」服裝

資料來源：http://www.nz86.com/article/73077/ (2018.06.18)

↗1977年薇薇安‧魏斯伍德設計的「摧毀」（Destroy）標誌服裝（Slogan Tee或稱Print Tee）

資料來源：http://www.mingweekly.com/culture/book/lightbox-7109-33121.html (2018.06.18)

◆「一生褶」三宅一生

　　三宅一生（Issey Miyake, 1938-，日本設計師）予人印象是東方式的，例如不疾不徐的步伐，全身心投入的工作態度，有教養、有幽默感、實用主義的思維。

　　三宅一生設計的服飾輕便、舒適、簡潔優雅，而非拘謹格調，充滿東方特質、易於活動。三宅一生服裝被稱為是「東方遭遇西方」的結果，讓穿的人從服裝結構束縛中解脫，表現獨特的體形美；三宅一生服裝展現款式、面料重量與人體的最佳搭配。

　　三宅一生早期作品傳達濃郁的日本民族服裝印痕，應用5世紀日本農民運用對布料的處理工藝，使服裝外觀呈現特殊視覺，服裝帶有日本武士精神。三宅一生應用油布、聚脂纖維的針織面料，結合獨特裁剪方式，形成舒適服貼的「第二層皮膚」衣著特徵。

　　三宅一生的服裝不排斥實用性，例如晚裝可以水洗、在幾小時

之內晾乾、可以像游泳衣般扭曲與摺疊等；並堅持自己民族的某些特點；同時受到巴黎著名的設計師瑪德琳・維奧內特風格影響，例如應用褶皺設計前輩瑪德琳・維奧內特風格中，三宅一生找到設計語言並加以發揚光大，融合東方服裝注重留出空間，以及西方式嚴謹結構間的協調。

↑日本服裝設計師三宅一生

資料來源：https://baike.baidu.com/pic/三宅一生/15982/0/f765756045176c64ebf8f8e2?fr=lemma&ct=single#aid=0&pic=f765756045176c64ebf8f8e2 (2018.06.18)

↗三宅一生的服裝

資料來源：https://www.translatoruser.net/proxy.ashx?from=zh-CHS&to=zh-CHT&csId=b59b7051-6c64-4740-886d-c8c00c0796e3&usId=62e98eb4-daf1-484c-850f-1f8e3aa583ff&ac=true&bvrpx=true&bvrpp=-1&dt=2018/9/12%205:20&h=v-dsEWywVd7Hvu71gnvNpJauYm_2fcxS&a=https%3a%2f%2fbaike.baidu.com%2fpic%2f%25E4%25B8%2589%25E5%25AE%2585%25E4%25B8%2580%25E7%2594%259F%2f15982%2f0%2ff765756045176c64ebf8f8e2%3ffr%3dlemma%26ct%3dsingle#aid=0&pic=cdfe7281b5b1789abd3e1e5a）（2018.06.18）

◆「時裝界的雷諾瓦」高田賢三

　　世界時裝舞台，長久以來為歐美人所壟斷，1970年代幾位來自日本的設計師，帶著震世的驚嘆站到世界時裝舞台中央，成衣設計師高

田賢三（Takada Kenzo，1939-，日本設計師）是其中一位。

高田賢三的成功始於1970年在薇薇安（Vivienne）畫廊舉行時裝發表會；同年，第一間店「Jungle Jap」（日本叢林）開業；穿著高田賢三設計服裝的模特兒出現在*ELLE*雜誌的封面。1970年代初，在反傳統的文化觀念及價值觀念的衝擊下，為貴婦服務的高級時裝店日落西山，紛紛倒閉，迷你裙、喇叭褲開始流行。此時的高田賢三用色鮮艷活潑熱情、對比強烈，以充滿豐富的花卉圖案、極富想像力的搭配方式，每一款都可以找到實際穿著的場合。作品洋溢輕鬆、歡愉氣氛，令世人大開眼界，也使高田賢三以驚人的速度發展。

高田賢三設計的首要原則是結構自然流暢、活動自如，追求對於身體的尊重。高田賢三是第一位採用傳統和服式的直身剪裁技巧，不需打折，不用硬身質料，卻又能保持衣服挺直外型的時裝設計師；高田賢三的時裝並不特別標新立異，帶有一點傳統，有許多的顏色及狂野圖案，高田賢三有快樂的色彩與浪漫的想像，就像雷諾瓦的畫一樣，沒有絲毫憂傷，傳達簡單、愉快與輕巧質感，表達自由的精神；因而高田賢三被稱作「時裝界的雷諾瓦」。

高田賢三
資料來源：https://zh.wikipedia.org/zh-tw/高田 三#/media/File:KenzoTakada2.jpg (2018.08.18)

高田賢三的服裝
資料來源：https://kknews.cc/design/aleaqen.html (2018.08.18)

1970年代紀事	
1972	薇薇安・魏斯伍德（Vivienne Westwood）與馬可・麥克拉倫（Malcom McLaren）在國王大道開設第一家店「Let It Rock」店。
1973	流行黑人頭髮型。
	川久保玲（Rei Kawakubo）在東京成立公司，服飾品牌名稱為「Comme des Garçons」（如同男孩）。
	流行筷子燙及香菇頭的髮型。
1974	傑尼亞（Zegna）推出航海愛好者的運動裝，包括系列緊身運動服、以絲織彈性面料與撞色接線，外搭滑雪服；具備能克服嚴峻環境的特出性能。
1975	喬治・亞曼尼（Giorgio Armani）創立「喬治・亞曼尼有限公司」。
1976	尚-保羅・高緹耶（Jean-Paul Gaultier）推出同名品牌。
1977	流行羽毛剪造型的髮型。
	法拉・佛西（Farrah Fawcett）的經典法拉頭，至今仍受人喜愛。
1978	吉安尼・凡賽斯公司（Gianni Versace S.p.A）創立。

1977年法拉・佛西的經典法拉頭

資料來源：https://zh.wikipedia.org/wiki/%E8%8
A%B1%E6%8B%89%C2%B7%E7%A7%91%E8
%8C%9C#/media/File:Farrah_Fawcett_1977.JPG
(2018.08.18)

「龐克教母」——薇薇安・魏斯伍德

薇薇安・魏斯伍德（Vivienne Westwood, 1941-）[55]本名Vivienne
Isabel Swire，出生於英國勞工家庭。年輕時嫁給德瑞克・約翰・魏
斯伍德（Derek John Westwood）並生下一名男嬰，但薇薇安・魏斯
伍德無法忍受沉悶的家庭主婦生活，三年後毅然決定離婚。

薇薇安‧魏斯伍德既奢華又淘氣的挑釁作品，頗受爭議，因為薇薇安‧魏斯伍德所引起的次文化旋風，迅速影響當時整個時尚生態，所有的設計走向，似乎都要與殘缺不全、變形改樣、丟棄破爛等呈現方式脫離不了關係，讓崇尚雅痞品味的族群，引起反動，於是又逐漸演變回風尚導向的風格品味。媒體偏愛薇薇安‧魏斯伍德，因為怪招頻出、不循常規，同時兼具天真與冒險的雙重特性，是個挖掘不盡的題材庫；設計師也認可薇薇安‧魏斯伍德，因為在淡化誇張的設計風格後，找到通往經典之路。

龐克教母是一位自鳴得意、從不安分的龐克教母。具有諷刺意味的是，這樣頂尖的一名時裝大師居然從未受過正規服裝剪裁的教育，是自學成才的典範。薇薇安‧魏斯伍德坦言：「我對剪裁毫無興趣，只喜歡將穿上身的衣服拉扯。」薇薇安‧魏斯伍德根本不用傳統的胚布剪裁，而是用剪開的，以別針固定住的布進行設計，這種以實際操作經驗為依據的剪裁方法使薇薇安‧魏斯伍德在1979年完成大量的拆邊T恤。獨特的設計是詮釋龐克「混亂美學」的典範，拒絕中規中矩，吸納其他次文化（華麗搖滾、變裝癖、飛車黨、S&M）的元素，結合英式傳統布料，並採用許多現成的物件「創舊」（Detournment），運用安全別針、鉚釘、金屬鍊、英倫格紋、口號標語、黑色塑膠袋、狗項圈、靴子、破爛服裝DIY等獨一無二的造型，變成龐克時尚最鮮明的標記。

薇薇安‧魏斯伍德迷戀撕開的、略滑離身體的服裝，喜歡讓人們在身體的隨意擺動間展露色情；因此，薇薇安‧魏斯伍德經常將臀下部分做成開放狀態，或者在短上衣下做出緊身裝，或者以帶子連住兩條褲管，奇特的垂盪襪也是薇薇安‧魏斯伍德的發明。還有讓名模娜歐蜜‧坎貝兒（Naomi Campbell）摔跤的超高跟厚底鞋。

薇薇安‧魏斯伍德認識性手槍樂隊（Sex Pistols）經理的馬可‧麥克拉倫，1971年，馬可‧麥克拉倫開設一家商店，薇薇安‧魏斯伍德在此時開始設計時裝，曾為男友設計舞台服裝。1972年和

馬可‧麥克拉倫合資開設「Let It Rock」精品店，銷售唱片及衣服，帶領起龐克風潮，短時間內成為英國「龐克運動」（Punk Movement）發祥地；其後建立起以自己名字為名的時裝品牌。

↑1976年薇薇安‧魏斯伍德設計的「束縛衣」，性手槍樂團首度在巴黎表演時穿著而引起轟動
資料來源：http://www.nz86.com/article/73077/ (2018.08.18)

↗薇薇安‧魏斯伍德與馬可‧麥克拉倫合夥開設的店「Let It Rock」
資料來源：http://www.ifuun.com/a2017451609865/ (2018.08.18)

　　薇薇安‧魏斯伍德與馬可‧麥克拉倫兩人早年的合作關係在創作上相當多產，正是這幾年的努力讓服裝上的新語言應運而生，最終昇華成為龐克。這樣的服裝語彙包含撕破的T恤與牛仔褲、復古風格的選取與混搭、標語、貼花及手作拼裝（即模仿當代藝術手法，在衣服上搭貼物品），以及束縛套裝〔Bondage Suit，又稱「變態套裝」（Gimp Suit）〕，設計釘鐵釘、掛鎖鏈的衣服，陸續推出有裂縫及以皮帶束縛身體等前衛激進的服裝款式，表現對傳統習慣與體系的反抗。這風格贏得英國年輕人青睞，迅速流行，並引領1970年代的英國龐克時尚；其新穎思想及概念，在早期的時尚中難以想像。
　　薇薇安‧魏斯伍德的設計最令人讚賞的是從傳統歷史服裝裡取

材，轉化為現代風格的設計手法，薇薇安‧魏斯伍德不斷將17、18世紀的傳統服飾的特質加以演繹，以特別的手法，將街頭流行成功地帶入時尚領域；薇薇安‧魏斯伍德從傳統中找尋創作元素，將有如過時的束胸、厚底高跟鞋、經典的蘇格蘭格紋等設計重新發揮，再度成為嶄新時髦的流行品，將英國魅力推到至高點。

　　薇薇安‧魏斯伍德詮釋龐克內涵的多元元素；概念便是要穿過大或過小的衣服，如同接收別人衣服的感覺，這都是龐克造型的特色。此外，還有破敗風格的衣著，表達窮人也有地位，「這個地位從擁有比我們更多經驗而來，因此他們穿的衣服，有著一薄層尊榮，具有英雄性質；所有都回歸到故事。」薇薇安‧魏斯伍德以煽情反動的前衛服飾，呼喚每個人不甘平凡的靈魂與期待解放的快感。

1971　認識樂團的馬可‧麥克拉倫，對時裝開始產生興趣，並為男友設計舞台服飾。

1972　與馬可‧麥克拉倫合夥開設第一間精品店，名為「Let It Rock」。

1974　精品店更名為「性」（SEX）。

1976　再度將精品店更改為「反叛者」（Seditionaries）；店中多以販售作風大膽，帶有色情意味的皮革服飾；當時深受重金屬（Heavy Metal）樂迷的喜愛。

1981　與馬可‧麥克拉倫推出海盜系列，之後兩人正式分道揚鑣，各自開展事業。

1981（-1985）　服裝設計為「新浪漫」時期。

1985（-1987）　在芭蕾舞團Petrushka的服裝中獲得靈感，設計維多利亞時期服裝的精髓系列「Mini-crini」。

1988（-1991）　由邋遢龐克設計，逐漸改變為模仿上流社會衣服設計的「異教年」時期。

1989　被報導服裝產業的*Women's Wear Daily*日報評選為年度六大設計師之一。

1990-1991　成為英國年度設計師，奠定薇薇安‧魏斯伍德大師級地位。

◉薇薇安‧魏斯伍德語錄

‧我是個反叛者，但絕不是個局外人！

‧我對剪裁毫無興趣，只喜歡將穿上身的衣服拉拉扯扯。

‧我所有創作的基礎就是分析所做的每件事，並建立某種理性的框架。一個人唯一可能影響這個世界的就是透過非流行的理念，這種理念是現實世界的顛覆者。

‧時裝就是夾攜著穿與不穿游刃於男性化和女性化的兩極。

‧時裝的終極目標是「赤裸」。

‧透過縫製，可以表達要說的每件事，相信每一件事都在技藝中存在。你無法傳授創造力，個人的創造力源自於技藝。將創造力置於首位，是20世紀犯的一個可怕錯誤。

‧我的時尚並非商品，我的時尚是一種概念。

‧我不是刻意要叛逆，只是想找出有別於常規的其他辦法。

‧我進入時裝界的唯一理由是要摧毀世界上的「一致性」，除此以外我都不感興趣。

‧如果你的穿著令人印象深刻，表示擁有更好的人生。

‧沒有文化就沒有進步，我認為一間古老茶莊比百座摩天大廈重要，不要胡亂拆掉舊有建築，要尊重前人留下的心血。

薇薇安‧魏斯伍德與馬可‧麥克拉倫

資料來源：http://www.ifuun.com/a2017451609865/ (2018.08.18)

↖薇薇安・魏斯伍德與馬可・麥克拉倫合
　夥開設的店「Sex」
資料來源：http://www.ifuun.com/
a2017451609865/ (2018.08.18)

↑薇薇安・魏斯伍德與馬可・麥克拉倫設
　計的服裝款式
資料來源：https://kknews.cc/design/
qqnmna8.html (2018.08.18)

↑薇薇安・魏斯伍德為不公不義發聲的革
　命精神
資料來源：http://www.mingweekly.com/
culture/book/content-6692.html (2018.08.18)

↗1990年及1991年薇薇安・魏斯伍德被
　評為「英國年度設計師」
資料來源：http://www.ifuun.com/
a2017451609865/ (2018.08.18)

十、1980年代：權力服飾年代、反骨與浪漫並存的耀眼年代

1980年代雅痞的瀟灑與龐克的狂野並存，都是從傳統社會價值束縛中釋放自我，本質上傳達年輕世代對於父母輩制度的突破與創新，彰顯時代文化特徵。

1980年代受「後現代主義」影響，表現「衝突性組合」的精神、「零亂斷裂感」的特性，以及「逆轉思考」特質，影響服裝設計變革。歐洲時尚經歷巨大的發展變化；個性化意識覺醒，開始強調「ME-ISM」（自我主義），力求與他人不同。設計師不斷追求創新，大膽嘗試各種顏色與圖案、面料與輔料的使用，獨特的襯裡、肩墊相繼登場，這些細節的疊加組合成就各樣標新立異的設計作品，例如T恤撕裂（Ripped Sweatshirts）、抗議標語、鉚釘等裝扮，成為時下的服裝樣式。電影和錄影帶再次影響時裝發展，例如女演員珍・芳達（Jane Fonda）的健身錄影帶，提高人們健康意識，掀起健身運動的熱潮，影響室內有氧舞蹈運動成為1980年代的時尚活動，韻律服成為流行款式；珍妮佛・貝兒（Jennifer Beals）主演的電影《閃舞》（*Flashdance*）（1983）風靡全球，帶動系列健身時裝、緩步跑運動服和跑鞋等的流行；搖滾錄影帶影響年輕一代的時裝；嘻哈音樂出現在1970年代末、1980年代初，表達當時非裔美國人面臨的社會問題與文化渴望的強烈信號，這些代表著叛逆精神的街頭青年穿著的服裝引起時尚公司興趣，直到現在依然影響著各大品牌的設計。此外，偶像名人穿著成為學習仿效對象；例如英國黛安娜王妃（Princess Diana）[56]、美國藝人瑪丹娜（Madonna）[57]、美國第一夫人南茜・雷根（Nancy Reagan, 1921-2016）、辛蒂・羅珮（Cyndi Lauper）、喬治男孩（Boy George）、王子樂團（Prince）及麥克・傑克森（Michael Jackson）等，都成為國際流行矚目的焦點。

1980年代是充滿希望的年代，社會在復甦、高科技加速發展、愈來愈電腦化的經濟蓬勃發展。相較於經歷過戰爭、總是緊

137

1983年珍妮佛・貝兒主演的電影《閃舞》
資料來源：https://www.google.com.tw/search?q=%E7%8F%8D%E5%A6%AE%E4%BD%9B%E2%80%A2%E8%B2%9D%E5%85%92(Jennifer+Beals)%E4%B8%BB%E6%BC%94%E7%9A%84%E9%9B%BB%E5%BD%B1%E3%80%8C%E9%96%83%E8%88%9E(Flashdance)(1983)&tbm=isch&tbo=u&source=univ&sa=X&ved=2ahUKEwiqm5brrK7dAhVEerwKHeR2BIkQsAR6BAgFEAE&biw=1301&bih=619#imgrc=Kumc-LJdHAYZSM:&spf=1536510974809）
（2018.06.16）

↖黛安娜王妃
資料來源：https://www.wazaiii.com/articles?id=77
（2018.06.16）

↗喬治男孩
資料來源：https://www.bing.com/images/search?q=%e5%96%ac%e6%b2%bb%e7%94%b7%e5%ad%a9&qpvt=%e5%96%ac%e6%b2%bb%e7%94%b7%e5%ad%a9&FORM=IGRE (2018.06.16)

←1982年麥可・傑克森在*Thriller*中的標誌性夾克
資料來源：https://kknews.cc/design/9xlzyvl.html）
（2018.06.16）

138

張兮兮、保守的父母，初出茅廬的年輕世代掌控城市地區。美國在雷根執政的社會下，右翼是主流，造成雅痞風潮形成的原因之一。雅痞（Yuppie），意指年輕的都會專業人士（Young Urban Professionals），是一群上進、接受過教育的年輕人、具備新興的專業技術、收入不菲、品味不俗，不像1970年代的嬉皮否定文明、否定物質；反之，不吝展現其社經地位，出手闊綽，同時也很在意服裝的質地、剪裁、色彩搭配，展現個人風格。1980年代是女性主義抬頭的時代，這時的雅痞，包括愈來愈多的女性進入職場，褪去碎花圍裙、穿上寬大而圓潤的墊肩、加上西裝式翻領外套、簡約的合身長褲，勾勒出灑脫又略帶幾分豪氣的新時代女性形象。

1980年代是個追求男女平等的時代，女性仍未得到平等的僱傭待遇，女士夢想像男士一樣成為行政人員，於是喬治‧亞曼尼設計「權力服飾」（Power Dressing）；特色是寬闊、有肩墊、大件夾克（外套）、光亮的布料、匹配的帽子、緊身或長或短的半截裙與高跟鞋等樣式。1980年代因此出現理想化的現代職業女性形象，包括精緻的妝容、幹練的套裝、尖細的高跟鞋，權勢而性感；這種形象一直延續至今天，在《穿著PRADA的惡魔》中得到極致展現。此外，健身運動熱潮影響，女性希望保持美好身段，能凸顯身型的緊身裝流行。

1980年代男裝呈現兩極化趨勢，除了「穿出成功」理念讓男性上班穿西裝打領帶，面料發展使男裝更加輕薄；另外，「全民運動」風潮改變男性體態，色彩斑斕的運動裝漸漸被高級時裝界接受。此時應用舒適與實用的彈性人造纖維，講究實用，時裝風格受日本、義大利、法國、英國及美國等多個國家影響，風格引人入勝，令人賞心悅目。西裝輕便化的趨勢早在1940年代便初露端倪，1980年代超越季節的面料出現，令男士整年中九個月可以穿上西裝，具有劃時代的意義。此外，自1986年以來，數位技術令機器設備能剪裁出方格與花格，布料的圖案能完美搭配西裝造型。

1980年之前，大型的全球時裝帝國尚未建立；當時PRADA仍是歐洲的小品牌，隨著時尚圈的環境變遷一度幾乎瀕臨破產邊緣；Dior

與CHANEL屬於高級訂製品牌，服務小部分的特定人士，非大眾熟悉的知名品牌。在當時的巴黎、倫敦、米蘭，品牌店鋪的數量遠遠少於街邊的一般商店。1980年代，隨著經濟復甦及社會階級分化，服裝成為表現自我個性的重要方式，各個設計師品牌大量出現；在沒有行業壟斷與強勢市場時期，打破過去的種種限制，開始天馬行空的創新。1980年代中期後，以義大利設計師品牌為首的歐洲時裝，引領全球時尚，稱為「能輕鬆穿著上街的高級成衣」，最大特色是異於之前美式成衣的僵硬筆挺，而出現更柔軟寬鬆、貼合身材的版型與材質，並大量使用前所未有的顏色與細節等設計，例如將橡膠加入成衣面料、大面積的拼接、服裝內襯應用豐富色彩。在此之後，全球的重金屬時尚、油漬搖滾（Grunge）[58]與嘻哈時尚、哥德次文化[59]、Vintage（復古）風格[60]等流行風格互別苗頭。1980年代ARMANI的精緻簡約、拉夫・勞倫（Ralph Lauren）的舒適休閒，或VERSACE的誇張奢華，以品牌設計風格，展現時尚潮流。

　　1980年代日本設計師興起，以三宅一生、山本耀司及川久保玲為代表。這些設計師以寬鬆剪裁，應用東方神祕陰鬱色彩，展現中性多層次造型等方式，設計剪裁精巧的衣服，為世界時尚舞台注入創新風潮。

1980年拉夫・勞倫設計的Polo衫
資料來源：https://read01.com/
x56PAa.html#.W5zU8SZRdMs
(2018.06.16)

1980年代

◉代表服裝（女）

權力服飾、流行墊肩、健身時裝、韻律熱潮服裝、顏色鮮艷的萊卡（Lycra）[61]與襪褲搭配、流行荷葉邊、T恤式連衣裙、吊帶裙、緊身牛仔褲和螺紋針織衫。

↑1988年伊夫·聖羅蘭由畢卡索畫作，擷取白鴿靈感所設計的白色結婚禮服作品

資料來源：http://www.iamhofashion.com/site/content?id=15127239843
(2018.06.16)

↗英國首相柴契爾夫人（Margaret Thatcher）

資料來源：https://www.wazaiii.com/articles?id=77 (2018.06.16)

◉代表造型（女）

頭髮蓬、龐克文化叛逆妝扮（不分性別）、鮮豔眼影（例如寶藍色）、大紅口紅、強調腮紅。

◉代表服裝（男）

西裝領帶、色彩繽紛運動服。

◉代表風格（男）

「全民運動」風潮、留中線頭髮往上梳其餘剃掉、染鮮豔顏色、吹半屏山。李察・吉爾（Richard Tiffany Gere, 1949-）在《美國舞男》（*American Gigolo*）穿著全套GIORGIO ARMANI「權力套裝」（Power Suit）。

1980年李察・吉爾在《美國舞男》中，身著全套GIORGIO ARMANI「權力套裝」

資料來源：https://www.google.com.tw/search?q=1980%E5%B9%B4%E5%96%AC%E6%B2%BB%E2%80%A2%E4%BA%9E%E6%9B%BC%E5%B0%BC%E6%8E%A8%E5%87%BA%E7%94%B7%E5%A5%B3%E3%80%8C%E6%AC%8A%E5%8A%9B%E5%A5%97%E8%A3%9D%EF%BC%88Power+Suit%EF%BC%89%E3%80%8D&tbm=isch&tbo=u&source=univ&sa=X&ved=2ahUKEwjW7anln67dAhUEwLwKHUZWC9UQsAR6BAgFEAE&biw=1301&bih=619#imgrc=MrwBkgsyQgJ7HM:&spf=1536510159134 (2018.06.16)

改變時尚潮流的設計師

◆「1980年代的香奈兒」喬治・亞曼尼

　　1980年代初，以當時的服裝界流行伊夫・聖羅蘭式的女裝原則，多為修身的窄細線條，而喬治・亞曼尼（Giorgio Armani, 1934-，義

大利設計師）[62]大膽地將傳統男西服特點融入女裝設計中，將其身線拓寬，創造出劃時代的圓肩造型，加上無結構的運動衫、寬鬆的便裝褲，為1980年代的時裝界吹起一股輕鬆自然風潮。由於這種男裝女穿的思想與1920年代為簡化女裝作出突出貢獻的設計師香奈兒所提倡的精神有著異曲同工之妙，喬治‧亞曼尼因此被稱為「1980年代的香奈兒」。喬治‧亞曼尼表示，其設計遵循三個黃金原則：(1)去掉任何不必要的東西；(2)注重舒適；(3)最華麗的東西實際上是最簡單的。因此，改良後的寬肩女裝深受職業女性的歡迎，喬治‧亞曼尼寬大局部的誇張處理成為整個1980年代的代表風格，稱為「亞曼尼的時代」。1980年喬治‧亞曼尼推出男女「權力套裝」，成為國際經濟繁榮時代的象徵。這種設計的靈感來自於黃金時期的好萊塢，特點是寬肩和大翻領。1980年，李察‧吉爾在《美國舞男》中，身著全套喬治‧亞曼尼「權力套裝」亮相。這部影片大獲成功，GIORGIO ARMANI品牌因此讓許多觀眾留下深刻印象。

1982年，喬治‧亞曼尼成為自1940年代繼克里斯汀‧迪奧以來，第二位榮登《時代》雜誌封面的時裝設計師。喬治‧亞曼尼曾獲內曼‧馬庫斯時尚獎、國際羊毛標誌大獎（International Woolmark Prize）、生活成就獎、美國國際設計師協會獎（The Council of Fashion Designers of America, Inc., CFDA）（1987）、庫蒂‧沙克獎等獎項。

1980年，剪裁精巧的喬治‧亞曼尼男女「權力套裝」問世，「權力套裝」成為國際經濟繁榮時代的象徵。這種設計的靈感來自於黃金時期的好萊塢，特點是寬肩和大翻領。1980年，李察‧吉爾在《美國舞男》中，身著全套喬治‧亞曼尼「權力套裝」亮相；這部影片大獲成功，GIORGIO ARMANI品牌予人深刻印象。此後，GIORGIO ARMANI開始與影視明星的長期合作，甚至設計大量戲劇和舞蹈服裝。GIORGIO ARMANI經常邀約好萊塢明星穿著GIORGIO ARMANI品牌服裝出席奧斯卡頒獎禮，例如蜜雪兒‧菲佛（Michelle Pfeiffer（1958-）及茱蒂‧佛斯特（Alicia Christian Foster, 1962-）等名流都是GIORGIO ARMANI的忠實客戶。

GIORGIO ARMANI不標新立異，很注重整體設計感，尤其認真對待每個細節，很少有滑稽的或非常過時的設計。每季ARMANI服裝都會有一些小得令人難以察覺的革新，散發著獨特魅力又不過分誇張，細心的體察往往可在衣服中找到當下流行元素，卻不會盲目追隨流行，因為GIORGIO ARMANI深信優良的製作工藝遠比多變的款式來得重要。

1980年代，GIORGIO ARMANI開始擴充副線品牌，除了代表高級時裝的「喬治‧亞曼尼」（Giorgio Armani）外，並陸續推出以年輕人的成衣品牌「愛姆普里奧‧亞曼尼」（Emporio Armani）、女裝品牌「曼尼」（Mani）、休閒裝「亞曼尼牛仔」（Armani Jeans）系列及輕鬆活潑的童裝等。

↑1984年GIORGIO ARMANI的服裝
資料來源：https://read01.com/x56PAa.html#.W5zYiSZRdMs (2018.08.18)

↗1987年GIORGIO ARMANI的服裝
資料來源：https://read01.com/x56PAa.html#.W5zYiSZRdMs (2018.08.18)

↑1988年GIORGIO ARMANI的服裝

資料來源：https://garmentozine.wordpress.com/2012/02/08/armani-1988-2/
(2018.08.18)

↗1989年GIORGIO ARMANI的服裝

資料來源：http://old-fashion-trends.tumblr.com/post/89109384268/
periodicult-giorgio-armani-los-angeles (2018.08.18)

◆「龐克教母」薇薇安‧魏斯伍德

　　薇薇安‧魏斯伍德（Vivienne Westwood, 1941-）是1980年代最具代表性的設計師，成功地將「年輕次文化團體的服飾概念」，導入高級流行服裝主題中。

　　薇薇安‧魏斯伍德與馬可‧麥克拉倫合作，一直由麥克拉倫主導設計思路；展現不同文化的歷史旋律及破壞叛逆的設計風格，薇薇安‧魏斯伍德最後選擇以海盜為主題，提出「浪漫龐克時尚」。海盜是歐洲歷史的組成部分，其犯罪活動能恰當地演繹叛逆。這種歷史與叛逆並存的設計成為薇薇安‧魏斯伍德倡導的「新浪漫主義運動」，令人耳目一新。

　　「女巫」（Witches）、「泥土的鄉愁」（Nostalgia of Mud）、「鬼迷心竅與克林伊斯伍特」（Hypnos & Clint Eastwood）等系列，奠

定英國龐克教母（Queen of Punk）地位，藉由大量使用傳統的布料及剪裁，加入薇薇安‧魏斯伍德的幽默創意，衣服左長右短的不對稱，或是大上好幾號的表現方式反映失序的精怪世界，也是對成衣固定尺碼的抗議和顛覆。1984年後，薇薇安‧魏斯伍德與馬可‧麥克拉倫分道揚鑣，薇薇安‧魏斯伍德慢慢認知自己是一名獨立自主的設計師，於是從之前的反叛不羈的作品中走出來，認真審視和思索各種豐富多彩的文化與歷史。薇薇安‧魏斯伍德的設計喜歡以歷史為依歸，並前往義大利吸收外地文化。此外，薇薇安‧魏斯伍德企圖藉由服裝解放女人對於「性」的觀念，「迷你箍裙」（Mini Crini）系列，強調束腰的性感姿態，力求緊身線條彰顯女人軀體；活潑的短襯裙，或稱蓬蓬裙，吸引人們對臀部的注意。並以絲緞和彈性布料改造馬甲，運用蘇格蘭格和毛呢詮釋解構線條，都是為人稱道的傑作；以及應用公主式的線條，英國裁縫法的傳統比例，直到今天仍是薇薇安‧魏斯伍德創作的基礎。

薇薇安‧魏斯伍德認為在1981～1985年的衣服設計視為「新浪漫」時期；1988～1991年間為「異教年」時期（由邊邊的龐克設計，逐漸變成模仿上流社會衣服設計的改變）；在1985～1987年間，薇薇安‧魏斯伍德在芭蕾舞團彼得契卡（Petrushka）的服裝中獲得靈感，設計維多利亞時期服裝的「迷你箍裙」系列。

薇薇安‧魏斯伍德相信衣服可「改變身體形貌，是有限制的」，所以希望做出合適的服裝，樣式則結合舊式典雅的晚宴禮服與迪士尼的卡通片中星星、圓點與條紋的圖案。

1981	推出「海盜」（Pirate）系列（1981-82秋冬）；詮釋海盜黃金時代這一歷史感的浪漫龐克時尚。
1982	推出「女巫」系列（1983-84秋裝）；和馬可‧麥克拉倫從紐約塗鴉藝術家凱斯‧哈林（Keith Haring）作品中，找到「神奇奧妙的符號語彙」，以螢光色彩印製在服裝上；並以「內衣外穿」另類的方式表現其設計創意。
1984	推出「迷你箍裙」系列（1985春夏）；受到芭蕾組曲「彼得契卡」的啟發，結合芭蕾舞短裙與維多利亞裙撐的設計。

1986	推出「哈里斯斜紋呢」（Harris Tweed）系列（1987-1988年秋冬）；是以蘇格蘭西部列嶼上手工編織的毛料命名，應用傳統的英國裁剪。此系列充分展現對傳統英國服飾的熱愛，以及對皇室與日俱增的迷戀；雙排釦短上裝的靈感來自女王年輕時穿過的一件公主外套，同時作為「迷你箍裙」系列的冬季版本。
1988	推出春夏「異教英國」（Britain Must Go Pagan）系列；大量採用折衷主義的混搭手法，結合傳統英國主題與古代異教徒元素，例如「沙妃爾」（Savile Row）服飾，在萊卡面料的緊身褲上，綠色的無花果葉裝飾在私處，白色的襯衫上掛著鬆開的領帶，整體效果仿效19世紀早期的男裝搭配。薇薇安・魏斯伍德表示：「我想要的是上半身像男人那樣打扮，下半身卻像沒穿褲子的女孩子的效果。」

↖1981年薇薇安・魏斯伍德推出「海盜裝」
資料來源：http://www.nz86.com/article/73077/ (2018.08.18)

↑1984年推出薇薇安・魏斯伍德推出的「迷你箍裙」系列服裝（1985-1987）
資料來源：https://zh.wikipedia.org/wiki/薇薇安・魏斯伍德#/media/File:Vivienne_Westwood_Mini_Crini.jpg (2018.06.16)

↗1988年推出春夏「異教英國」系列
資料來源：http://www.nz86.com/article/73077/ (2018.08.18)

◆「時尚頑童」尚-保羅・高緹耶

　　尚-保羅・高緹耶（Jean-Paul Gaultier, 1952-，法國設計師）[63]從未受過正式的設計訓練；在年輕時，便開始向知名時裝設計師推薦自己繪製的草稿，終於讓皮爾・卡登留下印象，於1970年僱用為助理。1971年尚-保羅・高緹耶到賈克・艾斯特赫（Jacques Esterel）旗下工作，翌年效力於尚・巴杜，而後於1974年重返皮爾・卡登公司，負責管理位在馬尼拉的精品店。1976年，尚-保羅・高緹耶推出同名品牌；1981年開始展現其玩世不恭的時尚態度與風格，在法國時裝界獲得「時尚頑童」（The Enfant Terrible of French Fashion）的稱號。

　　尚-保羅・高緹耶帶動男性穿著裙子的風潮，以怪異另類的手法逆轉過去審美觀。尚-保羅・高緹耶後來的作品許多是以街頭服飾（Street Wear）為基礎，著重於流行文化（Popular Culture）；尚-保羅・高緹耶的高級時裝，兼具非常正式又不尋常與俏皮的風格（Unusual and Playful）。1990年尚-保羅・高緹耶曾為天后瑪丹娜（Madonna）設計金色尖錐胸罩（Conical Bra）服裝，以大膽的風格迅速打開知名度。

←「時尚頑童」法國服裝設計師尚-保羅・高緹耶
資料來源：https://zh.wikipedia.org/zh-tw/ -保 ・高耶#/media/File:Jean-Paul_Gaultier.jpg (2018.06.23)

↑1990年尚-保羅・高緹耶為天后瑪丹娜設計在
Blode Ambition演唱會的金色尖錐胸罩服裝
資料來源：https://zh.wikipedia.org/zh-tw/ -保 ・高耶#/media/File:Jean-Paul_Gaultier.jpg (2018.06.23)

◆吉安尼・凡賽斯

　　1976年，吉安尼・凡賽斯（Gianni Versace, 1946-1997，義大利設計師）透過從事會計行業的兄弟山多（Santo）的幫助，成立VERSACE品牌，兩年之後，在Palazzo della Permanente舉行首次女裝系列發表會。VERSACE品牌推出便聲名大噪，其獨特創作風格獲得國際媒體的廣泛讚賞。吉安尼・凡賽斯尤其擅長融合現代普普藝術與古典希臘文化元素（品牌經典Logo梅杜莎形象便是古希臘羅馬神話的啟發）；除此之外，設計師並運用大量文藝復興時期與巴洛克式圖案，輔以珍貴刺繡與迷幻色彩。吉安尼・凡賽斯的設計很快便征服世界，同時，因為品牌形象與當下美國盛行的摩登，誇張風格高度契合，在美國市場掀起時尚風暴。熱愛音樂的吉安尼・凡賽斯看到搖滾樂的影響力，因此與搖滾明星合作，推出搖滾服；吉安尼・凡賽斯的設計並獲得黛安娜王妃青睞。整個1980年代及1990年代初期，VERSACE品牌聲譽達到頂峰，公司規模不斷擴張，市場不斷擴大，吉安尼・凡賽斯時裝帝國已初具規模。

←黛安娜王妃穿著吉安尼・凡賽斯設計服裝出席活動
資料來源：https://read01.com/x56PAa.html#.
W5zU8SZRdMs (2018.06.23)

↑1994年吉安尼・凡賽斯女裝
資料來源：https://read01.com/x56PAa.html#.
W5zU8SZRdMs (2018.06.23)

◆「紐約第七大道的王子」凱文·克萊

　　凱文·克萊（Calvin Klein, 1942- ，美國設計師）並被認為是當今美國時尚的代表人物，被稱為「紐約第七大道的王子」。1968年，凱文·克萊以自己的名字創立品牌，是一位追求完美的堅持者，努力做到風格統一。凱文·克萊捧紅欽點過的模特兒，例如布魯克·雪德絲（Brooke Shields）、凱特·摩斯（Kate Moss）、娜塔莉亞·沃迪亞諾娃（Natalia Vodianova）、好萊塢影星馬克·華柏格（Mark Wahlberg）等人；凱文·克萊以廣告拍攝手法，凸顯模特兒「性感」特質及產品「簡約」的品牌形象。

　　凱文·克萊認為當代的美國時尚是現代、極簡、舒適、華麗、性感、休閒又不失優雅的精神，這也是凱文·克萊的設計哲學；強調衣服必須具有能隨身體的活動，而產生流暢的線條，又可使穿者感到舒適愉快，沒有拘束與不便。從凱文·克萊所設計的成衣、家飾、家具、香水、牛仔褲、內衣等產品，都與「簡約」脫離不了關係；除了線條上的簡潔，應用無色系的黑、灰、白、卡其色，以及舒適的運動衫布料與帶有肩墊的上裝和窄腳長褲等為其特點。

　　凱文·克萊是以創立「美國風格」著名，帶動牛仔褲熱潮、社會追求健康生活和運動的熱潮，將美國風格更現代化、更臻完美，同時反映美國社會風氣和人們生活方式的改變。

凱文·克萊
資料來源：http://a4.att.hudong.com/06/03/20300542517
4161399970319777755.jpg (2018.06.23)

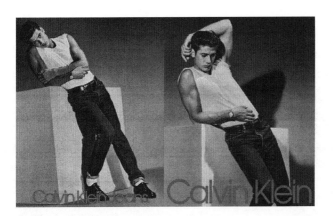

凱文・克萊1985年秋冬裝

資料來源：https://en.vogue.fr/vogue-hommes/fashion/diaporama/fashion-flashback-calvin-klein-campaigns-of-the-1980s-and-1990s/25690#sacha-mitchell-par-bruce-weber-pour-la-campagne-calvin-klein-jeans-automne-hiver-1985_image1 (2018.06.23)

1981年前「漂亮寶貝」布魯克・雪德絲為CK牛仔褲拍廣告，以一句挑逗性的台詞「你知道我和我的Calvins之間有什麼嗎？什麼都沒有」，紅遍全球

資料來源：http://fashion.appledaily.com.tw/news/29578 (2018.06.23)

◆三宅一生、山本耀司、川久保玲並稱為「廣島時髦」（Hiroshima Chic）

1.「一生褶」三宅一生

　　1980年代後期，三宅一生開始試驗製作新型褶狀紡織品的方法，

這種織料不僅使穿戴者感覺靈活和舒適，並且生產和保養更為簡易。這種新型的技術最後被稱為「三宅褶皺」（亦稱一生褶）；三宅一生子品牌「Pleats Please」（褶請）也於1993年創建。製作這種織物時，需先將布料裁剪和縫紉成型，再夾入紙層之中，壓緊並熱熨，褶皺就形成，並且一直保持著。

　　三宅一生的審美觀，使三宅一生表現超越西方風格的特質；三宅一生品牌下的T恤、褲子、小上裝、套頭衫，以及像羽毛一樣輕的外套，風靡全球，展現前衛與超越時間及民族界限的服裝設計風格。

三宅一生設計的服裝
資料來源：http://www.twword.com/wiki/%E4
%B8%89%E5%AE%85%E4%B8%80%E7%94
%9F (2018.06.23)

2. 「厭惡世俗的男人」山本耀司

　　山本耀司（Yamamoto Yōji, 1943-，日本設計師）於1981年在巴黎出道，而後活躍於東京與巴黎，被評價為媲美瑪德琳‧維奧內特的大師級裁縫，以其融合日本設計美學的前衛剪裁方式而聞名。山本耀司從不盲目追隨西方世界的時尚潮流，一直以日本傳統服飾和服為基礎，推崇流暢線條、寬大廓形及層疊、垂墜與不對稱的細節。山本耀司認為財富會剝奪人的自由，生命本就無牽無掛；山本耀司的理想展現在時裝設計中，從設計的衣服能感受到對於平等的追求，以及自由的定義。山本耀司認為「在我的哲學裡，『雌雄同體』這個詞毫無意

義。男人和女人沒有差別，我們存在不同的身體裡，但意識、情緒和靈魂都是相同的。」山本耀司不僅將男裝挪用到女裝上，並以女模特兒來展示男裝。山本耀司反對西方服飾看重表現身體輪廓的做法，認為讓衣服緊貼在女性身上是取悅男人的方式，隱藏在內的事物才是最性感的。

對自我理念的堅持不僅使得Yohji Yamamoto這個品牌在世界時裝浪潮中站穩一席之地，且激發許多年輕設計師的創作靈感。山本耀司獲得的獎項包括法蘭西藝術與文學勳章（法語：Ordre des Arts et des Lettres）（1994）、日本紫綬褒章（日語：紫綬褒章，英語：Medal with Purple Ribbon）、法國民族勳章（法語：Ordre National du Mérite）（2005）、英國皇家工業設計師（An Honorary Royal Designer for Industry from the Royal Society of Arts）（2006），以及國際時裝集團的the Master of Design（1999）。

山本耀司在商業上取得成功的主線——Yohji Yamamoto（Women/Men）及Y's，在東京都特別受歡迎。這兩條線也在紐約、巴黎、安特衛普的旗艦店及世界各地的高級服裝店發售。其他品牌線包括Pour Homme、Costume d'Homme以及Diffusion Line等。山本耀司的設計與其他時裝品牌的合作而為消費者熟悉，包括愛迪達（Y-3）、愛馬仕（HERMÈS）、禦木本（Mikimoto）及Mandarina Duck。山本耀司和藝人歌手合作，例如蒂娜・特納（Tina Turner）、艾爾頓・強（Elton John）、Placebo樂團、北野武（きたの たけし）、碧娜・鮑許（德語：Pina Bausch, 1940-2009），以及海納・穆勒（Heiner Müller, 1929-1995）。繼馬丁・馬吉拉設計坊（Maison Martin Margiela）[64]後，山本耀司於2005年被時裝潮流先鋒雜誌*A Magazine Curated by*[65]邀請為第二期雜誌策展。

山本耀司強調其服裝設計的重要理念在「保護和包裹女性軀體的外衣。我希望保護女性的軀體——也許離開男人的目光，也許避開冷風」。1983年《紐約時報》對山本耀司的訪問中，山本耀司談到自己的設計，「我認為女士穿我的男裝看起來和穿我的女裝一樣好看……

當我開始設計的時候，我希望為女士製作男裝。」山本耀司以其服裝中的前衛精神而聞名；經常推出與潮流大相逕庭的設計，其標誌性的不合比例的黑色剪影，常被應用在不同質地的布料上。

↑山本耀司

資料來源：https://www.soeyewear.com/Article/Detail/61 (2018.06.23)

↗山本耀司設計的服裝

資料來源：https://www.soeyewear.com/Article/Detail/61 (2018.06.23)

3.「另類設計師」川久保玲

川久保玲（Rei Kawakubo, 1942-，日本設計師）[66]從1980年代以品牌「Comme des Garcons」登上巴黎時裝週的舞台後，川久保玲便以解構日式風格加上獨特創意，席捲整個時尚世界；前衛又大膽的剪裁輪廓，直到今天仍影響當代許多時裝設計師，川久保玲的設計概念左右了服裝美學觀看的角度，啟發設計師思考更多創意的可能，因此川久保玲、山本耀司、三宅一生並稱為「廣島時髦」（Hiroshima Chic）。

川久保玲是日本知名服裝設計師當中，少數幾位未曾到國外留學，且未曾主修過服裝設計的特殊設計師。1980年代前期，川久保玲以寬鬆、刻意的立體化、破碎、不對稱、不顯露身材、曲面狀的前衛服飾聞名全球，受到許多時尚界人士的喜愛。這一場發表會的設計靈感來自於日本美學中的不規則和缺陷文化的不對稱。川久保玲的創作概念和特色引起不少時尚評論家的爭議，並帶動後進設計師的服飾設

計；成為當今20世紀的重要女性服裝設計師。

1980年代早期，來自日本的時裝設計師川久保玲，革命性的發布會使原來僅限於晨禮服和燕尾服的黑色成為流行。由於川久保玲的緣故，黑色成為最時尚女人的永恆形象。

川久保玲善於使用低彩度的布料來構成特殊的服飾，其中有許多是單件同一色調的設計，特別是黑色可說是川久保玲的代表顏色。

川久保玲的設計獨創風格十分前衛，融合東西方的概念，被服裝界譽為「另類設計師」。川久保玲的設計「獨立、自我主張──只要我喜歡，有什麼不可以！」。川久保玲將日本典雅沉靜的傳統、立體幾何模式、不對稱重疊式創新剪裁，加上俐落的線條及沉鬱的色調，與創意結合，呈現很意識形態的美感。川久保玲，既沒有出去學別人的模式，也沒有經過正統的訓練，但在東京的本土上，川久保玲做出的又不是純民族的東西。川久保玲的意識已經遠遠超過當時堪稱前衛的美國，以及龐克發源地的英倫三島不列顛王國。川久保玲看似古怪的思想，實際上是非常深刻的；深至無底，所以才會在二十年後大放異彩，讓更年輕的一代時裝設計師們崇拜，去解構，去尋求自信。川久保玲是時裝界確實的創造者──一位具有真實的原創觀念的時裝設計師，憑藉川久保玲最重要的觀念──黑色，在最近的幾十年席捲全球。

川久保玲習慣穿一身黑，留一頭不對稱的黑色齊肩短髮。川久保玲認為：「黑色是舒服的、力量的和富於表情的。我總是對擁有黑色感到很舒服。」、「我致力於黑色的三個影子。」一次她做了一件朱紅的服裝，並解釋「黑色是紅的」。其對黑色的投入和奉獻，使人對這位前衛的日本設計師產生悲觀或不祥的印象。川久保玲對服裝設計獨特的方向，使作品總有墓地或屠殺的感覺。川久保玲經常被媒體批評，因為有時展示的服裝就像是納粹集中營的囚犯們穿著無體型的寬鬆服，略作修改就組裝上了舞台，因而常常激怒公眾。川久保玲對保守者來說不是個陌生人，但看看川久保玲的經歷，很奇怪的是她能成為那樣的時尚預言的設計師，將黑色演繹成時尚設計師與時尚的同義

詞。1973年，川久保玲在東京成立公司，並向世界展示革命性的新型穿衣方式。從那開始，川久保玲就一直在為實驗而奮鬥，永遠創造著比時裝界流行超前得多的原型和概念服裝。

1967	畢業後，到服裝布料公司上班。
1969	正式獨立成為服裝設計師。
1973	成立服飾品牌，名稱為「Comme des Garçons」。
1981	川久保玲首次在巴黎時裝展舉行發表會；開始受到全球時裝界的注目。
1982	推出「乞丐裝」服飾。
1983	川久保玲獲得「每日新聞時尚設計獎」（Mainichi Fashion Award）。
1987	獲得美國「時尚技術學院」（Fashion Institute of Technology）的榮譽學位。
1988	川久保玲開始發行自己的雜誌，稱為Six。

↑日本服裝設計師川久保玲

資料來源：https://baike.baidu.com/pic/川久保玲/4522060/0/3b87e950352ac65cb624ea78faf2b21193138a9c?fr=lemma&ct=single#aid=0&pic=3b87e950352ac65cb624ea78faf2b21193138a9c (2018.06.23)

↗川久保玲設計的服裝

資料來源：http://fashioncdg.blogspot.com/2012/04/comme-comme-cdg-comme-rei-rei-1967-1975_25.html (2018.06.23)

1985年川久保玲Comme des
Garcons男裝系列
資料來源：https://read01.com/
x56PAa.html#.W5zYiSZRdMs
(2018.06.23)

1980年代紀事	
1980	喬治‧亞曼尼推出「權力套裝」（Power Suit）。
1981	薇薇安‧魏斯伍德推出「海盜」系列。
1981	馬奇安諾（Marciano）兄弟（Georges、Armand、Maurice、Paul）於美國加州創立蓋爾斯（GUESS）品牌。
1982	薇薇安‧魏斯伍德推出「女巫」系列。
1982	川久保玲推出「乞丐裝」服飾。
1984	薇薇安‧魏斯伍德推出「迷你箍裙」系列。
1985	傑尼亞（Zegna）推出由超細纖維羊毛製成的高性能面料，具有抗皺功能、質地輕盈柔軟，非常適用製作夏季西裝。
1986	薇薇安‧魏斯伍德推出「哈里斯斜紋呢」系列。
1987	創始人克里斯汀‧拉誇（Christian Lacroix）在巴黎創立高級女裝公司、高級成衣公司、時裝沙龍。
1987	薇薇安‧魏斯伍德推出春夏「異教英國」（Britain Must Go Pagan）系列。
1988	馬丁‧馬吉拉（Martin Margiela, 1957-）推出以自己名字命名的品牌馬丁‧馬吉拉（Martin Margiela）[67]。忍者鞋走上Maison Martin Margiela（MMM）的第一場秀，由此成為馬丁‧馬吉拉設計生涯的重要標記，也是時裝界最具代表性的經典之一。

十一、1990年代——奢華勢弱極簡主義——「真誠」的觀念、「反時尚」的時尚

　　1990年代的時尚所傳達最重要訊息是關於「真誠」觀念。此時期新銳設計師主張對過度奢侈風的反叛，對虛妄浮誇企業宣傳與虛華明星的抵抗；以「反時尚」的時尚概念，應用時裝設計表達醜陋、皺

巴、笨拙、粗糙的「真實感」，暫離造作精修、完美閃亮、過分雕琢
的衣衫，以及對包裹誇張身體部位的解脫。

　　1990年代，時尚潮流受到日本先鋒設計師在巴黎顛覆傳統時裝
概念的劇烈衝擊；來自安特衛普皇家藝術學院的學生，受到新奇時裝
設計觀念及第二次石油危機的影響，以「真實地呈現自己」為創作理
念，作品出現強勁的「反奢侈」風潮，例如運用超大廓型的外套、極
長的袖子，將原先用作襯裡的面料直接暴露在外，或是用皺巴的織物
做正式晚裝等；前衛設計概念、細緻的剪裁與五彩拼貼的新穎手法，
震驚當時低迷保守的時裝界。這六位設計師各有特色，有的青睞於黑
白風，有的偏好民俗風情，有的更加前衛大膽；在未來主義、解構主
義中大玩時裝概念。從此這六位「膽大妄為」的青年學生被英國媒體
冠上「安特衛普六君子」（The Antwerp Six）[68]的封號，使安特衛普登
上前衛時尚版圖的中心。

　　1990年代的兩大主流流行服飾發展，包括「後現代主義」設計
風格繼續影響，強調「零亂、衝突、反唯美、趣味」，成為高級服裝
設計表現的重點主題，例如紋身風潮、亂髮造型、頹廢造型、撕破造
型、標示品牌或標語的徽標T恤（Logo Tee）等流行。另外，「極簡風
格」成為1990年代服裝流行時尚；例如美國設計師凱文‧克萊（Calvin
Klein），是此風格的代表。凱文‧克萊將美式精神中「自由、不受
拘束」與「極簡風格」相互結合，表達簡潔、俐落、帥氣、性感的特
色。以及1990年代紅極一時的吉兒‧珊德（Jil Sander, 1943-，德國設
計師）、海爾姆特‧朗（Helmut Lang, 1956-，美國設計師）[69]等；吉
兒‧珊德及海爾姆特‧朗所追求的「純粹」，是從時裝裡萃取最基本
款式，重新定義其廓形，除去表面繁複的裝飾，刪除一切與服裝基本
功能無關的東西，最後剩下的皆是簡單、美麗而實用部分。吉兒‧珊
德曾說過：「設計師越是刁鑽蠻橫，作品就越是明朗。拿走的東西越
多，留下的就越純粹。」。

　　1990年代以後的女性服裝，肩部開始展開，裙撐（Pannier）被拋
棄，呈現自然下垂的喇叭形裙，凸顯女性細腰；燈籠袖與羊蹄袖再度

流行。此時期女權運動正在興起，更多的女性參加社會活動與體育運
動，女子著裝有更明顯男性化趨勢。

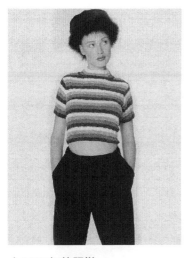 

↑1995年的服裝
資料來源：http://old-fashion-trends.tumblr.com/post/139851662673/
justseventeen-february-1995-add-a-soft (2018.06.23)

↗1996年Tommy Hilfiger推出的服裝
資料來源：http://old-fashion-trends.tumblr.com/post/148424144233/kate-jam-
and-diamonds-tommy-hilfiger-ss-1997 (2018.06.23)

　　1990年代的男裝，風格承襲前幾十年的基礎，歸於簡單、更加
舒適、更具人情味；追求懶散自由、正裝勢弱，休閒裝流行。抗皺和
輕薄是西裝面料的兩大發展趨勢，為迎合職場男士經常出差旅行的特
點，傑尼亞（Zegna）研發能夠在炎熱潮濕氣候保持清爽的面料。

　　1990年代開始，形成幾個服裝的寡頭：義大利的3G、拉夫・勞倫
（Ralph Lauren）、凱文・克萊（Calvin Klein），以及走在前端的香奈
兒（CHANEL）、迪奧（Dior）等老店。1990年代，吉兒・珊德（Jil
Sander）帶動極簡主義（Minimalism），古馳（GUCCI）帶動性感、
凡賽斯（VERSACE）帶動1960年代復古風格、名模凱特摩斯（Kate
Moss）帶動裸妝、名模黑珍珠娜歐蜜・坎貝兒（Naomi Campbell）購

買二手衣,開始有環保概念等。

　1990年代數位化時代來臨,服裝設計與生產過程,可透過電腦輔助完成;加上網際網路快速普及,流行資訊更加迅速,時裝潮流可以輕易傳遍世界各地。女性可以跟隨喜好揀選服裝。不同群體選擇不同風格時裝,並創造屬於自己的風格與影響力;因此擴大時尚潮流資訊傳播,帶動時尚產業的迅速發展。

1990年代

◉代表服裝(女)

強調「零亂、衝突、反唯美、趣味」,成為高級服裝設計表現的重點主題;高腰、短版、細肩帶的服裝;女子著裝有更明顯男性化趨勢;解放膝蓋的牛仔褲、高腰牛仔褲、牛仔短褲、牛仔布吊帶裝、牛仔小背心、牛仔外套等丹寧系列;黑色皮夾克、格子襯衫、短版上衣、內搭褲。

↑1990年代風格「高腰、短版、細肩帶」的服裝
資料來源:https://dappei.com/articles/4342 (2018.06.23)

↗1990年代的服裝
資料來源:https://m.juksy.com/archives/52659-2 (2018.06.23)

↑1990年代流行外套綁腰間

資料來源：https://www.google.com.tw/search?q=1990%E5%B9%B4%E4%B
B%A3+%E9%AB%98%E8%85%B0%E7%89%9B%E4%BB%94%E8%A4%B
2&tbm=isch&tbo=u&source=univ&sa=X&ved=2ahUKEwiCje6AxLzdAhWBb
bwKHcd_DzAQsAR6BAgGEAE&biw=1301&bih=619#imgrc=craDPaKerNT-
wM:&spf=1536998206480）（2018.06.23）

↗維多利亞秘密一代超模Laetitia Casta身穿YSL「1999年春夏高訂婚紗」

資料來源：https://www.zhihu.com/appview/p/27590202 (2018.06.30)

◉代表風格（女）

髮型層次、染髮色彩多元化，流行亂剪、層次；開始有唇蜜；大
片鏡片眼鏡、圓框眼鏡、粗項鍊；恨天高鞋。從都市街頭到極簡
主義風格。

◉代表服裝（男）

正裝勢弱，休閒裝流行。

◉代表風格（男）

簡單、更加舒適、更具人情味；追求懶散自由。從都市街頭、滑
板風格到極簡主義風格。

改變時尚潮流的設計師

◆「極簡主義」喬治・亞曼尼

　　進入1990年代，喬治・亞曼尼（Giorgio Armani, 1934-，義大利設計師）的創作更趨成熟，認為浮華誇張已非時尚潮流，即使是高級晚裝也應保持含蓄內斂的矜持美。優雅、簡單、追求高品質而不炫耀，「看似簡單，又包含無限」是亞曼尼賦予品牌的精神，使喬治・亞曼尼成為影響「極簡主義、義無反顧」的重要人物。靠著傳統的優良裁剪，考究的面料和迎合時代的柔中帶剛的中性設計，ARMANI迅速席捲美國大城市中的高收入人群的衣櫥，低調奢華的風格正好迎合雅皮士（Yuppies）所追求的品質感。

　　喬治・亞曼尼的設計並不啟發人們童話式的夢想，追求的是自我價值的肯定與實現，喬治・亞曼尼的服裝給予女人的是「自信」，使人深切地感受到自身的重要。

↑1990年代亞曼尼副牌Emporio Armani服裝
資料來源：https://read01.com/x56PAa.html#.W5zU8SZRdMs (2018.06.23)

↗1990年代亞曼尼副牌Emporio Armani服裝
資料來源：https://read01.com/x56PAa.html#.W5zU8SZRdMs (2018.06.23)

◆「龐克教母」薇薇安・魏斯伍德

　　1990年代以後的設計，更充分地應用文學性與精緻藝術的元素。從1990年開始受到舉世矚目的「肖像」（Portrait）系列，一直到晚近的作品。這些服裝包括極度女性化的套裝、由粗花呢與格子呢製作的日裝、誇張的針織衫與華麗的晚禮服，其中許多設計，都是薇薇安・魏斯伍德與第二任丈夫安卓亞斯・克隆法樂（Andreas Kronthaler）合作完成。當時極簡主義盛行，而薇薇安・魏斯伍德的創作展現浪漫氣息及貴族傲氣，融合法國設計的優雅精緻，以及英國服裝的休閒氣質與完美剪裁。薇薇安・魏斯伍德認為：「就我們所知，時尚是法國與英國觀念交流的結果。」

↑1993年薇薇安・魏斯伍德設計的超高跟厚底鞋造成名模娜歐蜜・坎貝兒（Naomi Campbell）失足絆倒

資料來源：http://collections.vam.ac.uk/item/O85360/pair-of-platform-vivienne-westwood/ (2018.06.23)

↗1994年薇薇安・魏斯伍德推出第一副線品牌Vivienne Westwood Red Label

資料來源：http://www.ifuun.com/a2017451609865/ (2018.06.23)

◆「紐約第七大道的王子」凱文‧克萊

　　1990年代時期，凱文‧克萊（Calvin Klein, 1942-，美國設計師）是當時以運動風為靈感的極簡主義設計師中的佼佼者，其設計充滿精緻與優雅；穿上牛仔褲時再露出凱文‧克萊內褲，幾乎是1990年代年輕人的指定動作。

穿上牛仔褲時再露出凱文‧克萊內褲
資料來源：https://www.whatsuplife.in/gurgaon/blog/wp-content/uploads/2017/12/calvin-klein-jeans.jpg (2018.06.23)

◆「最1990年代的設計、極簡女王」吉兒‧珊德

　　吉兒‧珊德（Jil Sander, 1943-，德國設計師）[70]設計風格清純，類似凱文‧克萊美國味的休閒與輕鬆，更像義大利大師喬治‧亞曼尼的含蓄高雅。吉兒‧珊德以簡單時尚，向傳統時裝大師挑戰。例如吉兒‧珊德在巴黎高級時裝林立的蒙田大道開設旗艦總店，那幢大廈曾是本世紀初，最傑出的「斜裁建築師」瑪德琳‧維奧內特的工作室，吉兒‧珊德花兩年半時間重建這個地方，重建後的大廈瀰漫古典與現代的混合氛圍；以無奢華、明朗的裝飾，現代、少而精的陳設，貫穿簡約主義精神，在簡約的外表裡，隱含著孤傲之氣，洋溢著歷史品味的現代魅力。

1990年代中期，世界時裝界颳起一股清新簡約的旋風，使得吉兒‧珊德愈來愈受到重視，該品牌形象與1990年代女性的自強、自立、自信的形象吻合，吉兒‧珊德設計簡單的造型，應用簡潔線條及簡明顏色，創造鮮明而清純的現代女性形象。

　　吉兒‧珊德是第一位在米蘭展示時裝的德國設計師，1988年以現代、少而精的陳設在義大利米蘭展示作品；吉兒‧珊德的名字與巨星喬治‧亞曼尼、吉安尼‧凡賽斯並列。

↖吉兒‧珊德設計的服裝
資料來源：www.twword.com/wiki/Jil%20 Sander (2018.06.23)

↗吉兒‧珊德設計的服裝
資料來源：http://lj.hkej.com/lj2017/fashion/ article/id/1563/Minimal+女王+Jill+Sander:+百感交雜春夏情 (2018.06.23)

←吉兒‧珊德設計的服裝
資料來源：www.twword.com/wiki/Jil%20 Sander (2018.06.23)

◆比利時「安特衛普六君子」

　　「安特衛普六君子」（The Antwerp Six）[71]是指1980年代初在歐洲時尚界崛起的六位比利時設計師的總稱，成員包括安・德穆魯梅斯特（Ann Demeulemeester）、朵利斯・范・諾登（Dries Van Noten）、瑪麗娜・易（Marina Yee）、德克・范・瑟恩（Dirk Van Saene）、華特・范・貝倫東克（Walter Van Beirendonck）、德克・畢肯伯格斯（Dirk Bikkembergs）。

　　六君子作品結合強烈的意念與特殊的材質，將藝術與服裝創作透過精細的剪裁結合一體，這些設計師以真實地呈現自己為創作理念與品牌存在的理由。

　　除了第一代安特衛普六君子，緊隨其後的另一批比利時先鋒設計師也加入到安特衛普浪潮之中，例如馬丁・馬吉拉（Martin Margiela）、Kaat Tilley、Raf Simons、A. F. Vandervorst、Lieve Van Gorp、Véronique Branquinho及Jurgi Persoons等；這群活力新軍，不僅繼續捍衛「安特衛普六君子」美名，其中佼佼者Martin Margiela與Raf Simons，更占據時裝設計界的霸主地位，將時尚歷史進程引入全新時代。現在「安特衛普六君子」的稱號，不只是當年的六位，而是畢業於皇家藝術學院的前衛設計師的代名詞。

比利時「安特衛普六君子」

資料來源：http://www.leatherhr.com/news/details/2017/6-21/61-57338-1.html
(2018.06.23)

1.「Ann王后」安・德穆魯梅斯特

1987年，安・德穆魯梅斯特（Ann Demeulemeester, 1959-，法國設計師）在倫敦舉辦第一場發表會，同年成立自己的公司。安・德穆魯梅斯特的設計以黑白為主，彷彿在詩歌和搖滾樂的交叉處找到了平衡，美國時裝媒體稱安・德穆魯梅斯特為「Ann王后」。安・德穆魯梅斯特相信，瞭解人們的穿著感受非常重要，強調「這正是我設計的目的所在」、「感覺怎樣？是否合適？該怎樣搭配？掛在衣架上你永遠不會知道答案，要瞭解我的設計，你必須穿上它們。」安・德穆魯梅斯特是男人一統天下的時裝設計界中最受人尊敬的女性之一，同時安・德穆魯梅斯特的作品也是最具男性氣質的女性設計，以不規則的剪裁和材質運用而著稱。

　　設計風格：欣賞安・德穆魯梅斯特的服裝如同鑒賞雕塑一般，需

要繞著圈兒看，才能領會「立體剪裁」幾個字中蘊含的奇妙製作技巧。安・德穆魯梅斯特討厭矯揉造作的裝飾、花邊、珠鏈，黑白是安・德穆魯梅斯特的時裝永恆的基調。穿過安・德穆魯梅斯特設計作品的買家，都給這個品牌作出驚人的好評：這些衣服舒適得幾乎讓人感覺不到它們的存在，穿在身上是如此輕柔、溫暖；同時細節的設計又別緻得叫人無話可說。

↖安・德穆魯梅斯特
資料來源：http://www.leatherhr.com/news/details/2017/6-21/61-57338-1.html (2018.06.23)

←2015年安・德穆魯梅斯特的秋冬秀
資料來源：http://www.leatherhr.com/news/details/2017/6-21/61-57338-1.html (2018.06.23)

2.朵利斯・范・諾登

朵利斯・范・諾登（Dries Van Noten, 1958-，比利時設計師）的祖父是一位傳統的裁縫，父親擁有一家男裝店。這位家族的第三代傳人，始終堅持用自己特有的風格詮釋純樸的女性美。除了出眾的女裝設計之外，朵利斯・范・諾登的男裝也頗為出色，懷舊、自然、具有民族感的休閒風格，正好與多姿多彩的女裝相互呼應。設計師的高明之處正是無論在運動裝和正裝中，都能極自然地融入隨意而舒適的異域風情。

注重設計作品的穿著效果，是朵利斯・范・諾登與安・德穆魯梅斯特共同關注的重要話題。雖然朵利斯・范・諾登的服裝不算前衛怪異，卻獨樹一幟。

設計風格：懷舊、民俗、色彩與層次感是朵利斯・范・諾登的特色；細碎的印花和細節設計是朵利斯・范・諾登設計的著眼點，民族風格的花卉圖案更是朵利斯・范・諾登特別鍾情的手法。在單純與繁複的強烈的對比之中，朵利斯・范・諾登更善於運用各種技巧來結合不同的材質、布料和圖案，混合之後的效果正是朵利斯・范・諾登極具自然風格的設計。

↑朵利斯・范・諾登
資料來源：http://fashion.sina.com.cn/s/in/2015-04-28/0704/doc-icczmvup0463482.shtml (2018.06.23)

←朵利斯・范・諾登設計的服裝
資料來源：https://read01.com/zh-tw/4DGMeDo.html#.W58kERtRdMs (2018.06.23)

3.德克‧范‧瑟恩

　　德克‧范‧瑟恩（Dirk Van Saene, 1959-，比利時設計師）在大學畢業之後即開設時裝專賣店「美人與英雄」，1990年在巴黎推出首場個人發表會。有趣的是，發表會上的工作人員身穿寫著設計師名字的衣服四處穿行，可是幾乎每件衣服都出現版本不一的拼寫錯誤。

　　設計風格：德克‧范‧瑟恩是田園風格的代表人物，作品偏屬女性化路線。他設計充滿柔和、自然的色彩；擅長將田園氣息的花朵、格子融入柔軟的棉、呢等面料上，塑造甜美的鄰家女孩形象。因此，德克‧范‧瑟恩的服裝線條，都比較簡約、輕柔，展現溫暖的色調。他深信男裝樸素的設計也可應用非常纖柔、細膩的材質與外形輪廓表現。德克‧范‧瑟恩不停地追求創作突破，熱衷於設計變化，每一季的作品有不同的邏輯關聯。

↑德克‧范‧瑟恩
資料來源：http://www.ifuun.com/a201711297329766/ (2018.06.23)

↗德克‧范‧瑟恩設計的服裝
資料來源：https://site.douban.com/260562/widget/notes/190593658/
note/526575061/ (2018.06.23)

4.「諧謔小子、時尚老頑童」華特‧范‧貝倫東克

　　華特‧范‧貝倫東克（Walter Van Beirendonck, 1957-，比利時設計師）是「安特衛普六君子」中最狂野的一位，許多人把華特‧范‧

貝倫東克稱作「諧謔小子」，並被安特衛普其他五子稱為「時尚老頑童」。

設計風格：華特・范・貝倫東克的設計具有強大的活力和爆發力，完全不順應傳統的審美常規，總能源源不斷地帶來引入注目的新作。華特・范・貝倫東克迷戀電玩、網路和新媒體，作品充滿色彩與能量；曾是第一位在時裝上運用網路與CD唱盤的設計師。華特・范・貝倫東克將藝術與時裝結合，在昆蟲、運動、色彩、牛仔、童話中找尋靈感；不規則的線條和安裝在袖子與領口的各種立體配飾，增添怪異誇張服裝的趣味細節。

1993年，華特・范・貝倫東克創建工作室「W.&L.T.」，設計系列充滿力量感的標語；口號是「擁吻未來」；設計的風格保持「積極、敏銳、有趣、勇敢」，追求「愛、激情、節奏、行動、希望、願景、光明和奇遇」，信念則是「神聖的對比、愛與侵略、性與浪漫、白天與黑夜、天使與魔鬼」等。這些詞語聽來像是混合著童話與夢魘的迷幻世界，既有兒童世界的天真，又充滿成人世界的慾念與掙扎；展現華特・范・貝倫東克的設計風格。華特・范・貝倫東的設計概念，創作領域包含時裝、藝術、攝影、影像、小說、卡通及一切超出想像的設計元素。

←華特・范・貝倫東克
資料來源：https://kknews.cc/zh-tw/design/mko3lxg.html
(2018.06.23)

↑華特・范・貝倫東克設計的服裝
資料來源：https://site.douban.com/260562/widget/notes/
190593658/note/526575061/ (2018.06.23)

5.德克・畢肯伯格斯

德克・畢肯伯格斯（Dirk Bikkembergs, 1959-，比利時設計師）設計帶有強烈的個人色彩，在贏得1986年巴黎頒發的「最佳年度新人」大獎之後，德克・畢肯伯格斯在巴黎推出第一個男裝系列。德克・畢肯伯格斯長期奔走在比利時、法國、義大利、德國、倫敦和紐約之間，據說德克・畢肯伯格斯在每個地方停留的時間不會超過一星期。德克・畢肯伯格斯強調「我是一個為時裝廢寢忘食的人」、「我

已娶了時尚為妻，並且她擁有我所有的忠誠」。

設計風格：德克・畢肯伯格斯偏愛軍裝與運動風格，喜歡應用粗獷的材質和簡潔的外形，擅長混搭各種皮革與男性氣息的配飾；甚至在女裝設計中，也展現同樣的陽剛特性。此外，德克・畢肯伯格斯的作品予人多元化的感覺，兼具建築、運動、高科技及不同範疇的美學；因此，德克・畢肯伯格斯的設計被稱為「高級時裝般的運動光學、幾何與速度、經典與未來的結合」。德克・畢肯伯格斯能夠調動一切元素，表現運動風格，善用對黃、綠及其他自然色彩，對輕盈的層疊立裁設計有獨特風格；作品永遠保持濃烈的男性氣質。

↖德克・畢肯伯格斯
資料來源：https://www.douban.com/note/211792318/ (2018.06.23)

←德克・畢肯伯格斯設計的服裝
資料來源：https://site.douban.com/260562/widget/ notes/190593658/note/526575061/ (2018.06.23)

6.瑪麗娜·易

　　儘管瑪麗娜·易（Marina Yee, 1958-，比利時設計師）早期的設計已贏得相當熱烈掌聲，瑪麗娜·易卻選擇沉寂的生活。其他五位以各自不同的方式大力拓展事業的時候，瑪麗娜·易沒有繼續跟進；瑪麗娜·易僅在1986年執掌名為「Marie」的品牌，然而很快地瑪麗娜·易便發現不適應為商業化品牌做設計工作，因此，瑪麗娜·易決定離開時尚行業。1992年，兒子Tzara出生後，瑪麗娜·易重新回到時尚圈，為Lena Lena品牌設計女裝；現在，瑪麗娜·易為好友德克·畢肯伯格斯（Dirk Bikkembergs）工作。

　　設計風格：瑪麗娜·易十分注重服裝的細節，例如善用混合粗糙的材質與光滑細膩的綢緞，瑪麗娜·易偏愛纖細、修長的輪廓，游牧民族的生活方式為瑪麗娜·易帶來設計靈感，幫助瑪麗娜·易塑造外形摩登、內心堅強的現代女性形象。

↑瑪麗娜·易

資料來源：https://site.douban.com/260562/widget/notes/190593658/note/526575061/ (2018.06.23)

↗1985年瑪麗娜·易設計的服裝

資料來源：https://www.sohu.com/a/154417315_474139 (2018.06.23)

7.「解構鬼才」馬丁・馬吉拉

馬丁・馬吉拉（Martin Margiela, 1957-，比利時設計師）[72]與比利時前衛風格「安特衛普六君子」皆為安特衛普皇家藝術學院（Antwerp's Royal Academy of Fine Arts）學生。馬丁・馬吉拉的女友瑪麗娜・易隱退之後的那段時間，馬丁・馬吉拉接替女友加入「安特衛普六君子」之列。

個人品牌為「Maison Martin Margiela」（MMM），2015年正式更名為「Maison Margiela」。馬丁・馬吉拉曾擔任擔任尚-保羅・高緹耶助手（1985-1987），以及愛馬仕（HERMÈS）的創意總監（1997-2003）。

設計風格：1980年代，日本先鋒設計師川久保玲，以極端怪異的設計掀起顛覆傳統時裝的設計風潮，馬丁・馬吉拉深受川久保玲影響。

馬丁・馬吉拉以解構及重組衣服的技術聞名，被封為「解構鬼才」；具有銳利的目光能看穿衣服構造及布料特性，例如將長袍解構改造成短外套、以大量抓破的舊襪子製作毛衣。

馬丁・馬吉拉的設計除了極具環保概念，馬丁・馬吉拉一直使用舊衣架、舊人像模型陳列其新設計；更令人感到訝異的是其作品背後隱藏著設計師豐富的想像力。此外，馬丁・馬吉拉有其與別人迥然不同的處事作風，從不在其時裝發布會中現身，沒人見過馬丁・馬吉拉到底長什麼樣，官方答案是：馬丁・馬吉拉就是整個設計團隊。

馬丁・馬吉拉在每季必推出愛滋T恤（AIDS Tee），顏色多達數十款，並成為不少粉絲的收藏品。馬丁・馬吉拉的配飾系列，無論戒指、項鍊都充分表現出品牌的創意，例如手工精細的銀製花生項鍊、以鎖匙為設計靈感的領帶夾，以及系列皮製飾物，包括鑰匙扣、錢包、零錢包及信用卡套等。

↖馬丁‧馬吉拉

資料來源：http://cdn0.hbimg.cn/store/wm/piccommon/1195/11958/D5259BE48DC
4D0E5F2ADB99B4F.jpg (2018.06.23)

↑馬丁‧馬吉拉的服裝

資料來源：http://pigimg.zhongso.com/space/gallery/infoimgs/zg/zgdimh/20101019/
2010101909364521166.jpg (2018.06.23)

↗馬丁‧馬吉拉的服裝

資料來源：http://img1.ph.126.net/pbLVt4AJhh9MkRuUTUbr6w==/260533238445
1075281.jpg (2018.06.23)

1990年代紀事	
1993	三宅一生創立子品牌「Pleats Please」（褶請）。
1994	薇薇安‧魏斯伍德推出第一副線品牌「Vivienne Westwood Red Label」，繼承「Vivienne Westwood」主線一貫以來另類、個性、獨立獨行的風格。

十二、2000年代以後──科技應用環保主義、百花齊放、風格丟失的年代

　　21世紀的現代社會是物質過剩、信息傳媒發達及快節奏的社會。「多元文化」、「消費文化」、「國際化」、「後現代文化」、「速食文化」、「資訊文化」、「環保文化」等多項文化的影響下，發展

出這個時代的特色。由於物質極大豐富使人們置身於消費社會，所有設計都為刺激消費設計，社會圍繞著消費而運轉。消費社會影響流行週期而變得不可能長久，消費者偏好的趣味、多樣化等審美觀，影響並決定設計方向，產生消費文化具有包容性及多元性。在強烈追求個性的時代，美是多元多樣的，美沒有一致的標準；各種時裝經過複製、解構、搭配、裝飾等方式，被賦予新的組合，許多款式無法呈現清晰可辨的風格，卻隱含豐富多變的語彙，是風格極端多元化與風格丟失的年代。加上數位化時代信息技術迅速發展，強調舒適、自然、追求自我的「平價時尚」、「快速時尚」等時尚潮流，透過網際網路資訊快速影響而發展。

21世紀年輕人的市場愈發不可忽略，出現「中性美男」（Metrosexual）的風格；靈感來自於大衛‧鮑伊（David Bowie）及未成年人的窄瘦輪廓。年輕男性重拾盛裝傳統、頭戴小草帽、身穿四粒鈕釦的西裝外套、T恤、瘦腿褲及運動鞋，外套的翻領與服裝的線條同樣窄；英倫搖滾歌手皮特‧多爾帝（Pete Doherty, 1979-）被視為新一代的披頭士（The Beatles）。

2000年後，時尚產業結合科技技術不斷開拓創新，例如傑尼亞（Zegna）應用奈米防汙技術於Micronsphere面料，將薄膜技術應用於Elements面料；與蘋果公司合作2007年問世的「iJacket」，由微細尼龍面料製成的外套手感柔軟，內部胸袋裡設置iPod連接線，在衣袖上設有控制板，可適配所有具備30針插接器的iPod播放機。

由於氣候變遷議題的討論，節能減碳的環保概念，影響時尚產業的發展。例如ZARA在中國的所有商店都安裝回收箱；H&M投資紡織品公司Re:Newcell及女性服裝設計品牌Eileen Fisher的更新進程，以修補或裁剪衣服，提供重新利用；Adidas的3D打印運動鞋，探索按需製造、供應鏈流程再造等領域。而Ambercycle公司利用微生物分解聚酯，在實驗室裡種植皮革。此外，一些企業透過與科技公司合作，推動公司的創新及可持續發展議題，例如the North Face公司與Spiber合作開發人造蜘蛛絲的皮大衣[73]。新一代消費者尤其關心環保，偏愛對

環境友好的產品，願意在環境友好型的產品上花更多錢。設計界講究環保材質的應用、資源再利用的研究，更多時尚品牌從供應原材料環節，就開始考慮其回收能力，擴大時尚產業鏈綠生活的範疇。因此，如何讓時裝產業的商業模式變得更加環保，是21世紀時尚產業企業發展的重要議題。例如引領21世紀的時尚風潮的馬丁・馬吉拉及薇薇安・魏斯伍德都屬於極具環保概念的設計師。薇薇安・魏斯伍德2016春夏系列，以高過模特兒頭部的長外套，表達對海平面上升現象及隱喻；2017秋冬系列，模特兒們戴上寫有英國綠能公司「Ecotricity」字樣的紙製頭飾，呼籲大眾改以環保能源，取代傳統能源的使用。

↑英倫搖滾歌手皮特・多爾帝
資料來源：http://www.twword.com/wiki/petedoherty (2018.06.30)

↗2009年山本耀司的春夏女裝系列
資料來源：https://read01.com/x56PAa.html#.W5zYiSZRdMs (2018.06.30)

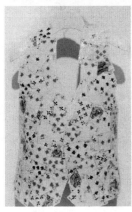

↑薇薇安・魏斯伍德2016春夏系列，以高過模特兒頭部的長外套，表達對海平面上升現象及隱喻

資料來源：https://www.harpersbazaar.com/tw/fashion/news/news/a1584/eco-friendly-trend-sustainable-fashion/ (2018.06.30)

↗2001年馬丁・馬吉拉應用復古皮革晚裝手套設計露背上衣

資料來源：http://hqmsart.com/a/yishuliuxue/offer/2016/0726/143.html (2018.06.30)

←2006年馬丁・馬吉拉應用紙牌設計男士背心

資料來源：http://hqmsart.com/a/yishuliuxue/offer/2016/0726/143.html (2018.06.30)

十三、世界各地的時尚設計

　　歷經一百年的時尚潮流演變，21世紀邁入多元多樣性的時尚品牌競爭時代，無論是百年老店或新潮品牌，持續創新研發、結合科技與網路技術，應用品牌行銷策略，建立品牌知名度與符合市場的商業模式，豐富21世紀的時尚潮流。

世界知名品牌參考表

國家	著名品牌	著名時尚設計師	主要商品	成立年代
美國	Calvin Klein	凱文·克萊	牛仔休閒裝、服飾、香水、眼鏡、家飾用品	1968
	Polo Ralph Lauren	拉夫·勞倫	女裝、運動裝、體育用品、牛仔裝、皮飾品、配件、香水、家飾品、馬球男裝	1967
	Anna Sui	蕭志美	化妝品、服飾、香水	1980
	Donna Karan	唐納·凱倫	服飾、飾品、家飾品	1984
	Marc Jacobs	馬克·雅各布斯	美妝、香水	1984
	Michael Kors	邁可·寇斯	手袋、服飾、鞋履、配飾、腕錶、禮品	1981
	Vera Wang	王薇薇	婚紗、香水	1990
	Tommy Hilfiger	湯米·席爾菲格	男裝、女裝、牛仔、童裝	1985
	Tom Ford	湯姆·福特	妝品、香水	2005
英國	BURBERRY	Thomas Burberry	時裝、包款、圍巾、配件、鞋履、彩妝、香氛、禮品	1856
	Dunhill	Alfred Dunhill	香菸、香水、男裝、男鞋、包袋	1893
	Paul Smith	保羅·史密斯	香水	1946
	Vivienne Westwood	薇薇安·魏斯伍德	手錶、鞋包、精品、配飾	1971
	Stella McCartney	斯特拉·麥卡特尼	香水、女裝	2002
	John Galliano	約翰·加利亞諾	服裝、鞋履、包袋、配飾、首飾、古著	1985
	John Richmond	約翰·里奇蒙德	服裝、包袋、配飾、香水	1982
	Alexander McQueen	亞歷山大·麥昆	服飾、鞋履、眼鏡、絲巾	1992
	Matthew Williamson	馬修·威廉姆森	服裝、鞋履、包袋、配飾、首飾、古著	1949
法國	Louis Vuitton	路易·威登	手袋、配飾、時裝、鞋履、珠寶、時裝、客製	1854
	HERMÈS	尚·保羅·高緹耶	菸、酒、香水、化妝品、皮帶、皮革	1837
	Balmain	Olivier Rousteing	香水、服飾	1945
	CHANEL	可可·香奈兒	眼鏡、香水、化妝品、高級珠寶、腕錶、時裝	1910

（續）世界知名品牌參考表

國家	著名品牌	著名時尚設計師	主要商品	成立年代
法國	Dior	克里斯汀·迪奧	香水、化妝品、高級珠寶、時裝	1946
	Saint Laurent	伊夫·聖羅蘭	時裝、包包、皮夾、飾品、配件、鞋履、化妝品	1961
	Givenchy	紀梵希	保養、彩妝、精品、手錶、珠寶飾品、服飾	1952
	Jean-Paul Gaultier	尚-保羅·高緹耶	香水、眼鏡、時裝	1982
	BALENCIAGA	克里斯托巴爾·巴倫西亞加	鞋履、手袋、服裝	1919
	Christian Lacroix	克里斯汀·拉誇	眼鏡、香水、鞋履、服飾	1987
義大利	Salvatore Ferragamo	薩瓦托·菲拉格慕	配飾、包袋、鞋履、服飾	1927
	GUCCI	古馳奧·古馳	包款、服飾、小皮件、飾品、腕錶、鞋履	1921
	VALENTINO	瓦倫蒂諾·加拉瓦尼	食品、家飾、高級珠寶、時裝、妝品	1960
	Dolce&Gabbana	多梅尼科·多爾切史蒂法諾·加巴納	包袋、香水、鞋履、服飾	1985
	Fendi	Adele Fendi	手提包、長夾、腰帶、皮帶、太陽眼鏡、墨鏡、涼鞋、手錶	1925
	Roberto Cavalli	羅伯特·卡沃利	眼鏡、香水、腕錶、服飾	1975
	Santo Versace	凡賽斯	眼鏡、包袋、鞋履、服飾	1978
	GIORGIO ARMANI	喬治·亞曼尼	妝品、香水	1975
	PRADA	馬里奧·普拉達	服飾、鞋款、包款、配件	1913
	Bottega Veneta	米凱萊·塔代伊	珠寶、包袋、鞋履、服飾、配飾	1966
日本	Yohji Yamamoto	山本耀司	珠寶、包袋、鞋履、服飾、配飾	1979
	Kenzo	高田賢三	包袋、鞋履、服飾、配飾	1970
	Issey Miyake	三宅一生	小皮件、腕錶、包袋、鞋履、服飾、配飾	1970
	Comme des Garçons	川久保玲	妝品、包袋、鞋履、服飾、配飾	1973

（續）世界知名品牌參考表

國家	著名品牌	著名時尚設計師	主要商品	成立年代
臺灣	夏姿	王陳彩霞	成衣、包袋、鞋履、配飾	1978
	Sophie Hong	洪麗芬	服飾、包袋	2010
	Charin Yeh	葉珈伶	服飾	1985
	Stephane Dou & ChangLee Yugin	竇騰璜、張李玉菁	服飾	1995
	Gioia Pan	潘怡良	服飾	1990
	Isabelle Wen	溫慶珠	服飾	1989
	Jamei Chen	陳季敏	絲巾、服飾	1987
	Jasper Huang	黃嘉祥	服飾、珠寶	2003
	Goji Lin	林國基	服飾	2017
	圓石小舖	賴慧敏、賴慧萍	旗袍	1998
	Devil Fashion	黃秀瑾	服飾	2016

十四、結　語

　　可可・香奈兒（Coco Chanel）提到：「時尚會過去，只有風格才能屹立不搖。」薇薇安・魏斯伍德（Vivienne Westwood）強調：「沒有文化就沒有進步，我認為一間古老茶莊比百座摩天大廈重要，不要胡亂拆掉舊有建築，要尊重前人留下的心血。」山本耀司表示：「流行，是給沒有自我風格設計的表面稱讚；只有充滿靈魂與思想的設計，才能長存。」吉兒・珊德（Jil Sander）曾說：「設計師越是刁鑽蠻橫，作品就越是明朗；拿走的東西越多，留下的就越純粹。」

　　風格是情感訴求的設計，表達時代生活背景、哲思、品味與態度，同時反映時代的生活需求與追求目標。回顧20世紀以來，時尚潮流引領女性的審美蛻變，從極度矯飾、繁複、細緻的妝容服飾，到清新甜美及自然舒適的風貌，隨著時尚風潮而演繹多變的女性風采，成就21世紀女性追求自我的「真誠」風格。

　　綜觀每個時代影響時尚潮流的設計師，無論從任何角度與思維切入，總是與時代背景脈絡相連，或許是一種革命、顛覆，或許是傳

承與記憶，更多的是如何讓生活更為美好的創新。時尚潮流的創新不是無中生有，創新許多發想是從古典元素中脫胎、昇華，並且從復古的思惟中展現出百年如新的新鮮感；唯一顛撲不變的真理是「以人為本、師法自然」。

1　羅絲‧貝爾丹（Rose Bertin）被奢侈皇后瑪麗‧安東尼皇后任命為「時尚首席」（Minister of Fashion），設計洛可可風格（Rococo Style）的粉彩色系服裝，點綴裝飾性的褶邊、抓皺、蕾絲及蝴蝶結，低胸細節、寬大裙撐及異國風情，化身瑪麗‧安東尼皇后的日常衣著。羅絲‧貝爾丹以洛可可風格結合鮮明的中國風，例如錦緞及緹花技藝被廣泛應用在瑪麗‧安東尼皇后身著的細緻織品，花草蟲鳥等圖樣更頻繁出現在服裝中，並以柔和的色彩交織在曲線構圖裡；羅絲‧貝爾丹也將瑪麗‧安東尼皇后最愛的各樣珍稀寶石當作設計元素，不惜重本打造皇后的極致衣著。

2　維多利亞風格是19世紀英國維多利亞女王在位期間（1837-1901）形成的藝術復辟的風格，它重新詮釋古典的意義，揚棄機械理性的美學，喜歡對所有樣式的裝飾元素進行自由組合，開啟人類生活對藝術價值的全新定義。參考自「Baidu百科，https://baike.baidu.com/item/%E7%BB%B4%E5%A4%9A%E5%88%A9%E4%BA%9A%E9%A3%8E%E6%A0%BC/84118」(2018.06.02)。

3　參考「Nina Hsu 2014/07/03；原來是他們！時尚產業的幕後推手；https://womany.net/read/article/4853」(2018.07.31)。

4　新藝術主義一種建築和裝飾藝術風格，流行於19世紀後期和20世紀初期，在1890年代中期成為歐洲主流的裝飾設計風格；特色為應用流動曲折的線條繪出葉子和花卉。新藝術派應用優雅裝飾描繪的藝術風格，融合東、西方的畫風，以複雜精緻的線條，表達象徵之意涵，此派和象徵主義（Symbolism）相關至深。當時的新藝術派是資產階級追求感性（如花草動物的形體）與異文化圖案（如東方的書法與工藝品）的有機線條，成為橫貫歐洲和美國的普及藝術。開始以歐洲為中心，19世紀末則盛行全世界；新藝術派至一次世界大戰後被裝飾藝術（Art Deco）所取代。

5　參考自「維基百科；https://zh.wikipedia.org/wiki/%E7%BE%8E%E5%A5%BD%E5%B9%B4%E4%BB%A3」(2018.06.02)。

6　賈克‧杜塞受到時裝之父查爾斯‧佛雷德里克‧沃斯（Charles Frederick Worth）的深刻影響。賈克‧杜塞的設計雖仍屬於講究傳統典雅的風格；其對於時裝的熱愛與優雅上層社會的生活方式的追求，卻影響不少法國早期的設計師，例如保羅‧波烈（Paul Poiret）與瑪德琳‧維奧內特（Madeleine Vionne）都是賈克‧杜塞所發掘的。

　　賈克‧杜塞特別注重晚裝款式，打破18世紀以來的傳統晚裝，成為巴黎最優雅考究的晚裝店，專門出售縫飾著蕾絲、緞帶、花朵、羽毛、穗帶、珠飾及刺繡的奢華晚禮服，展現18世紀油畫般的浪漫色彩及女人味，這種高貴典雅

的設計原則在當時具有相當大的市場。

由於賈克‧杜塞的設計在後期缺少瑪德琳‧維奧內特的簡潔及保羅‧波烈的視覺衝擊力，賈克‧杜塞的設計漸漸被詬病古板而毫無生氣。1912年賈克‧杜塞意識所熱愛及維持的傳統女裝已無法與全球時尚流行趨勢抗衡，最終放棄18世紀的女裝，逐步退出時裝界，轉而收藏大量18世紀的藝術品及油畫，在收藏界建立聲望成為印象派藝術品的主要收藏者。

7 維多利亞風格是19世紀英國維多利亞女王在位期間（1837-1901）形成的藝術復辟的風格，它重新詮釋古典的意義，揚棄機械理性的美學，喜歡對所有樣式的裝飾元素進行自由組合，開啟人類生活對藝術價值的全新定義。參考自「Baidu百科；https://baike.baidu.com/item/%E7%BB%B4%E5%A4%9A%E5%88%A9%E4%BA%9A%E9%A3%8E%E6%A0%BC/84118 (2018.06.02)。

維多利亞風格在服裝上的特色是使用蕾絲、荷葉邊、立領、蝴蝶結、高腰、抓皺等。

8 Dandy在近代男性穿著與時尚的歷史上，一直都是關鍵字，很多中文翻譯直接譯為「紈絝子弟」或「花花公子」，然而，從這個概念所崛起的18世紀以來，Dandy被文學或哲學家認為是一種對自己整體外貌極度重視的態度，不僅是衣著，也包括行為舉止與談吐；因此，Dandy的起源是比較傾向從貴族與上流社會男人中興起，乃至於愈來愈普及。但是，信仰質樸、實用的中產階級主義興起，Dandy潮流受到中產階級與清教徒批評，才會與「紈絝」之流掛上等號。因此它本質上其實無關行為面，反而更像是一種崇尚優雅的男性美學。參考自「Dandy時尚的歷史；https://www.gq.com.tw/fashion/fashion-news/content-23962.html」(2018.06.02)。

9 參考自「Rue 58; http://extra.rue58.com/detail?id=1003650」(2018.06.04)。

10 1906年，保羅‧波烈為懷孕的妻子設計不束腰的衣服，這件衣服造型簡潔、線條流暢，直線型的外廓線澈底改變傳統的著裝習慣，令人耳目一新。保羅‧波烈忽然間茅塞頓開，將身體分為上下兩截的緊身胸衣既令人不適，又有損健康，何不放棄代以更舒適的內衣；因此，設計以胸罩強調基本體形的服裝，這些服裝將原來放在腰部的支點移到肩膀上，形成整體的造型的流暢線條。

1914年由美國瑪麗‧菲兒普斯‧雅各（Mary Phelps Jacob, 1891-1970）開發出罩杯式的女性內衣。

11 1910年至1914年間風靡巴黎的「窄底裙」。這種裙子腰部寬鬆，膝蓋以下則十分窄小，穿上它幾乎邁不開步子，所以這種裙子又稱蹣跚裙。對於穿慣撐裙走慣大步的歐洲女人，簡直是嘲諷。但歐洲女人為能夠跟上波烈步伐，寧願像中國裹腳女人躑躅而行。

12 里昂‧巴克斯特（Leon Bakst），是著名俄國藝術家；創作橫跨戲劇、插

畫、服裝設計等多個領域。1866年出生於白俄羅斯的格羅德諾，17歲進入聖彼得堡藝術學院就讀，22歲開始從事兒童繪本插畫工作。1907年與編舞家弗金恩合作，設計聖彼得堡慈善舞會服裝，後來為魯賓斯坦設計《莎樂美》服裝，並為戴亞吉列夫籌措首齣在巴黎上演的俄國芭蕾舞劇，擔任首席服裝及舞台設計師。其後設計多齣舞劇的服裝，並舉行多次個展。1918年至1922年設計《幻想精品屋》、《阿拉丁神燈》、《睡美人》等舞台服裝。1923年受邀到美國設計舞台服裝，並舉辦個展。1924年12月因病過世，葬於巴黎墓園。

巴克斯特的舞台及服裝設計注重歷史文化考究，展現奇特狂熱的幻想世界，也讓舞劇之美更加令人屏息。巴克斯特將東方情調的服裝及古文明的輝煌帶入時尚界，從早期在俄國設計《女伯爵之心》、《玩偶童話》兩齣舞劇時，就在劇作扮演強勢的主導角色，以無比的創造力驅動其他舞者及編舞家的創作方向。參考自「吳礽喻編譯（2012），巴克斯特：俄國芭蕾舞團首席插畫設計師Leon Bakst」。

13 瑪德琳‧維奧內特（Madeleine Vionnet, 1876-1975）在當時也推出無束腰輪廓；但保羅‧波烈較能掌握宣傳的敏銳度，讓世人對波烈先生與新風貌緊緊聯繫。

14 可可‧香奈兒5歲母親病逝，父親為了到美國闖天下，將她和姊姊託給姑媽照顧。8歲許下諾言，不接受任何人憐憫要使自己變成最美麗、最愉快、最有名氣的女性。18歲那年姊姊自殺，初戀情人車禍中喪生，遭受重大打擊，產生孤僻、獨立的個性。著名的Chanel NO.5香水在1922年8月5日問世，5號便是她的幸運數字。

15 參考自「Rue 58; http://extra.rue58.com/detail?id=1003650」(2018.06.04)。

16 參考自「Rue 58; http://extra.rue58.com/detail?id=1003650」(2018.06.04)。

17 現代主義運動興起於19世紀末期，現代主義相信「傳統」形式的藝術、文學、社會組織及日常生活型態都過時，因此必須將過時的東西掃除，重新創造文化。現代主義鼓勵人們重新檢視從商業活動到哲學等既存事物的每一個面向，找出「阻礙」進步的因素，替換成新的、更好的做法，達到舊事物希望達成的目標。

18 裝飾藝術（法語Art Decoratifs，簡稱Art Deco），是一種蕪雜的風格，其淵源來自多個時期、文化與國度。從縱向的角度說，裝飾藝術繼承新藝術而來；從橫向上看，又和在兩次世界大戰之間蓬勃發展的現代運動並行發展並互相影響。現代主義設計帶有精英主義的、理想主義的、烏托邦式立場，強調為大眾服務，尤其是強調為中下階層的勞動者服務，對裝飾本身興趣並不大，甚至懷有痛恨的態度。裝飾藝術繼承並維護長期以來為贊助人服務的傳統，其設計面向的對象是富裕的上層階級，所採用的材料是精緻、稀有、貴

重的，尤其強調裝飾別致優雅，與上層階級的品味相符合。參考自「維基百科；https://zh.wikipedia.org/wiki/%E8%A3%85%E9%A5%B0%E9%A3%8E%E8%89%BA%E6%9C%AF」(2018.06.04)。

Art Deco飾品風格多元，是從古典造型過渡到現代的混合風格。少了維多利亞時代大量浪漫繁複的紋飾，承襲19世紀末開始的現代主義立體派、荷蘭風格派、未來派、構成主義等藝術風格，並增添現代主義簡潔幾何的理性線條。Art Deco並加入多種異國元素，例如埃及、中國、日本、非洲、馬雅、阿茲堤克文化等古文明藝術，在形與色方面將異國風情結合現代感，發展出綜合性的國際設計樣式。於是在裝飾圖案上面常見其明顯又獨特的造型，直線花紋、銳角的閃光波紋、鋸齒的反覆或是簡單的幾何方圓組合的圖樣到充滿異國情調的簡化抽象紋樣。Art Deco所追求的是一種現代的設計，所謂的現代設計是相對於追求完全手工、藤蔓花草、大自然有機曲線和抒情性的新藝術風格（Art Nouveau）而言更新的設計。在Art Deco的設計中，呈現出適合現代工業、文明社會屬性的形式；一種直線的、幾何學的、簡潔的無機美感，而且在這其中仍然保有強烈裝飾性的風格。參考自「Art Deco裝飾藝術風格；http://202.39.64.154/hbhfang/art-deco%E8%A3%9D%E9%A3%BE%E8%97%9D%E8%A1%93%E9%A2%A8%E6%A0%BC/」(2018.06.04)。

19 參考自「Marco Bruno，電影《大亨小傳》李奧納多掀起1920年代紳士復古風；https://marcobruno.com.tw/doc_1008/」(2018.06.04)。

20 尚‧蘭梵（Jean Lanvin）生於1867年法國的布列塔尼，在家中的十個子女中排行老大，父親是新聞從業人員。1890年，年僅23歲的尚‧蘭梵開始自營帽子店，獨特的設計吸引不少顧客，為女兒設計的衣服深受好評，成為許多顧客效做的對象。隨著女兒的成長，開始設計少女裝及禮服。最後，終於在福賓（Faubourg）街成立「浪漫屋」。尚‧蘭梵喜歡收集服裝書畫與古老版畫，經常到各處旅遊，接觸各種藝術品，不斷充實設計靈感。因此，尚‧蘭梵的設計作品中，可發現帶有18、19世紀風格及異國情調的禮服。尚‧蘭梵偏愛在素色的布料上，以刺繡技巧表現各種主題，發揮裝飾效果。1946年7月，蘭梵在巴黎逝世，享年79歲。「浪漫屋」在其家族的統轄下繼續經營。尚‧蘭梵是世界上最先擁有自己香水的設計師之一，「浪漫屋」成為世界最具權威的香水屋之一。參考自「跟隨十大著名設計師感受巴黎品牌經典永恆；http://big5.china.com.cn/gate/big5/art.china.cn//products/2013-09/25/content_6330533.htm」(2018.06.03)。

21 Salvatore Ferragamo S.p.A.成立於1927年，是菲拉格慕集團的母公司，堪稱奢侈品行業的全球領軍企業之一。集團積致力於設計、生產和銷售鞋履、皮革製品、成衣、絲織品、配件與男女香氛。產品種類還包括由特許製造商生產的眼鏡及腕錶。

22 「牛津布袋褲」（Oxford Bags）褲型出現在1920年代的牛津大學城，由

Harold Acton於1924年所發明。Harold Acton是美型男，特別愛打扮，注重美感，非常講究造型，以紳士帽、襯衫、背心、西裝、領帶、皮鞋是基本配備。1924年牛津大學校方正式規定學生不能穿燈籠褲上課，為表示抗議，Harold Acton帶頭搞怪，裁了件鬆鬆垮垮（Baggy）的褲子，褲管像布袋一樣，寬達22～44英寸，將燈籠褲藏在裡面，人稱「Oxford Bags」，劍橋大學的學生陸續跟進，開始流行！參考自「史考特穿越英國筆記：紀錄文化、歷史、旅遊、生活觀察與實用資訊；http://scot-travel-note.blogspot.com/2014/11/oxford-bags-1920-dandy-fashion.html#!/2014/11/oxford-bags-1920-dandy-fashion.html」（2018.06.03）。

23 參考自「Marco Bruno，電影《大亨小傳》李奧納多掀起20年代紳士復古風；https://marcobruno.com.tw/doc_1008/」（2018.06.04）。

24 參考自「Marco Bruno，電影《大亨小傳》李奧納多掀起20年代紳士復古風；https://marcobruno.com.tw/doc_1008/」（2018.06.04）。

25 伊莎・夏帕瑞莉的時裝生涯是從遇到時裝大師保羅・波烈開始的。當時伊莎・夏帕瑞莉陪一位有錢的女士看時裝展覽，當看到保羅・波烈設計的天鵝絨時裝時，非常喜歡，保羅・波烈勸她買下，伊莎・夏帕瑞莉回答自己沒有那麼多錢，保羅・波烈慷慨地把衣服送給伊莎・夏帕瑞莉；從此建立兩人的友誼。保羅・波烈發現伊莎・夏帕瑞莉具備獨特的服裝品味，因此鼓勵伊莎・夏帕瑞莉從事服裝設計。伊莎・夏帕瑞莉在巴黎的和平路開設時裝店，招牌上寫著「為運動」，想把在美國見到的舒適風格引入到歐洲，伊莎・夏帕瑞莉認為服裝重要的是舒適與隨意，人不能成為衣服的奴隸。伊莎・夏帕瑞莉組織和設計生產運動服，在當時的巴黎引起很大的轟動，因為那個時候世界上還沒有正式的運動服裝，伊莎・夏帕瑞莉的設計彌補時裝設計中的一個重要空缺。伊莎・夏帕瑞莉的運動服開始銷往美國，很快便受到很多名人的追捧，其中不乏當時著名的女演員、女作家。1933年設計第一件正式的晚禮服。1933年之前，可可・香奈兒在巴黎眾多設計家中獨占鰲頭，直至伊莎・夏帕瑞莉出現後才打破一統天下的局面。1934年搬到凡都姆宮開設高級時裝店，為少數特權階層服務的時髦店；同年在倫敦格羅夫納街36號開設豪華服裝店。當二次大戰爆發後，法國淪陷，伊莎・夏帕瑞莉移居美國。直到法國光復後才回到巴黎重振時裝業；1945年再次推出新的服裝系列，這時伊莎・夏帕瑞莉已無力恢復戰前的輝煌。1954年，也就是香奈兒復出的那一年，伊莎・夏帕瑞莉關閉商店，結束曾經顯赫一時的時裝生涯，僅在以伊莎・夏帕瑞莉牌子的香水、化妝品、針織品、圍巾生產方面擔任顧問名義，以後，分別在突尼斯和巴黎兩地安度晚年。

26 尚・巴杜（Jean Patou）生於1887年，1936年逝世，年僅49歲；是西班牙裔的法國人，在父親的皮革廠當了幾年學徒後，興趣逐漸轉向服裝界。1914年，尚・巴杜開設服裝沙龍，名為「派對」（PARTY）。不久，第一次世界

大戰爆發，尚·巴杜赴戰場服役四年。大戰結束後，以「尚·巴杜」（Jean Patou）之名在巴黎聖佛倫坦街開設服裝屋。尚·巴杜（Jean Patou）品牌在當年八月舉辦的第一次時裝發表會，盛況空前。參考自「台灣WORD；http://www.twword.com/wiki/讓·巴杜」（2018.06.02）。

27 克里斯汀·拉誇（法語：Christian Lacroix），以其名字出品的時裝頗富盛名，唯一具有博物館策展人資格的設計師，除時裝外，亦擅於繪畫、室內設計。Christian Lacroix的時裝品牌曾由LVMH擁有，2005年轉售予美國公司Falic，在當地時裝界引發話題。參考自「台灣WORD；http://www.twword.com/wiki/尚·巴杜」。

28 參考自「維基百科；https://zh.wikipedia.org/wiki/%E5%8F%AF%E5%8F%AF%C2%B7%E9%A6%99%E5%A5%88%E5%B0%94」（2018.06.02）。

29 《哈潑時尚》（Harper's Bazaar，中國大陸譯《時尚芭莎》，香港譯《時尚芭莎》）是一本美國時尚雜誌，最早於1867年出版。《哈潑時尚》由赫斯特國際集團出版，將其定位為「第一次採買時裝的女人，從休閒到時尚」（Women who are the first to buy the best, from casual to couture.）的風格首選雜誌。

30 在香奈兒發揚光大黑色小洋裝之前，黑色小洋裝只是參加喪禮穿的服飾之一，認為黑色小洋裝既無活力又平淡無奇；香奈兒非常熱愛黑白兩色，並賦予黑色小洋裝香奈兒式的剪裁，讓黑色小洋裝看起來更有特殊的魅力。

31 後來美國「Life」日報在不久後的報導中寫道：「71歲高齡的嘉柏麗·香奈兒所呈現的，與其說是一種潮流，不如說是一種革命。」

32 「內曼·馬庫斯時尚獎」創立於1938年，由1907年在美國德克薩斯州達拉斯起家的知名連鎖百貨商店Neiman Marcus創設，目的在獎勵對時尚界具有重大貢獻的人士，是一項被譽為「時尚界奧斯卡」的全球時尚大獎。至1995年，先後有一百五十位設計師獲此殊榮，獲此獎項的時尚界人士往往視其為一生的榮耀。

33 尼龍（Nylon），是一種人造聚合物、纖維、塑料，發明於1935年2月28日，發明者為美國威爾明頓杜邦公司的華萊士·卡羅瑟斯（Wallace Carothers）。1938年Nylon正式上市，最早的Nylon製品是Nylon製的牙刷刷子，於1938年2月24日開始出售；婦女穿的尼龍襪，於1940年5月15日上市。Nylon纖維是多種人造纖維的原材料，而硬的Nylon也被用在建築業中。參考自「維基百科；https://zh.wikipedia.org/wiki/%E5%B0%BC%E9%BE%99」。

34 愛德華時代指1901年至1910年英國國王愛德華七世在位的時期。愛德華時代和維多利亞時代中後期被認為是大英帝國的黃金時代。維多利亞女王1901年1月駕崩，王儲愛德華繼位標誌著維多利亞時代結束。和甚少在公眾場合出現的維多利亞不同，愛德華是潮流精英的領袖，喜好旅遊，建立一套受歐洲

大陸藝術和潮流影響的時尚。這一時期的標誌是政治出現重要變化，以往排除在政治之外的勞工和女性，政治參與程度越來越深。

35 1947年，克里斯汀・迪奧推出第一個時裝系列；設計急速收起的腰身凸顯出與胸部曲線的對比，長及小腿的裙子採用黑色毛料點以細緻的褶皺，再加上修飾精巧的肩線，顛覆所有人的目光，被稱為「New Look」，意指克里斯汀・迪奧帶給女性全新的面貌。的確，克里斯汀・迪奧重建戰後女性的美感，樹立50年代的高尚優雅品味，亦把「Christian Dior」的名字，深深的烙印在女性的心中及20世紀的時尚史上。

36 兩件式的「比基尼泳裝」，是由Louis Reard和Jacques Heim於1946年推出，稱為「Atome」，美國稱「Bikini Atoll」，後簡稱「Bikini」；1950年已受法國女性普遍接受，1970年才在國際間流行。

37 這種風格的套裝首先興起於紐約黑人住宅區的非洲裔爵士樂隊中，很快這樣的套裝就被其他美國城市邊緣群體所接受，尤其是在洛杉磯。

1943年，洛杉磯墨西哥裔的美國年輕人違反戰時物資短缺法，身穿褲口狹窄的高腰褲子及超大尺寸、大翻領、厚襯墊的寬肩上衣，而被稱為「Zoot Suiters」（阻特族）；並與當地的海軍發生激烈衝突，爆發一場社會騷動。這種服裝跟隨洛杉磯的騷亂流傳到紐約黑人住宅區，並由當時的黑人領袖瑪律科姆（Malcolm）首先穿上，成為反叛青年的象徵性服裝之一。「阻特」名字，據說來自墨西哥裔的美國人對「Suit」的美式俚語的發音。

38 1945年，法國設計師皮爾・巴爾曼（Pierre Balmain）在巴黎的Rue Francois第一街上開設自己名字的高級時裝公司。皮爾・巴爾曼設計風格的女性形象擺脫戰爭時代痛苦的創傷、瀟灑而富有魅力；以鮮明女性氣質與繁複奢華風格，與當時盛行的實用主義風形成驚人對比，締造巴爾曼（Balmain）時裝屋獨特性感的品牌特色。皮爾・巴爾曼服裝豐富的精美刺繡、束腰長裙與曳地禮服裙，迅速受到歐洲與好萊塢天后們的青睞。

39 參考自「維基百科；https://zh.wikipedia.org/wiki/%E5%85%8B%E9%87%8C%E6%96%AF%E6%B1%80%C2%B7%E8%BF%AA%E5%A5%A7_(%E5%93%81%E7%89%8C)」(2018.06.09)。

40 芭比娃娃（Barbie）是20世紀最廣為人知及最暢銷的玩偶，由羅絲・韓德勒（Ruth Handler）發明，於1959年3月9日舉辦的美國國際玩具展覽會（American International Toy Fair）首次曝光。芭比玩偶由美泰兒公司擁有及生產；芭比娃娃與其他相關配件是以1：6的比例製作，該比例是娃娃屋模型的最大號，稱為「Playscale」。參考自「維基百科；https://zh.wikipedia.org/wiki/%E8%8A%AD%E6%AF%94%E5%A8%83%E5%A8%83」(2018.06.09)。

41 泰迪男孩（Teddy Boys）最早是一群受美國搖滾音樂影響的叛逆的年輕人，這種次文化起源於1950年代的倫敦，蔓延至全英國。泰迪男孩的風格深受英

國愛德華王朝的影響，一群年輕人創造自己的著裝風格「深色長款整潔的天鵝絨夾克上衣，緊身直筒褲，還有從褲腿底下露出來的彩色襪子」。隨著摩托車的普及，與之相配的皮夾克、皮褲和皮靴開始流行。他們的頭髮經常是打了很多的髮蠟，看起來很油膩，前段的頭髮弄捲，兩邊的頭髮向後向上梳順滑，從後面看好像鴨尾股的形狀。

[42] 1945年皮爾・卡登23歲時，他在巴黎參加電影《美女與野獸》的服裝設計，作品頗受好評。此後，皮爾・卡登的設計才華逐漸受到欣賞。1950年獨立開設服裝設計公司，地點選在巴黎的Richepanse街上。早期承接相當多劇服、面具等表演藝術的案子，1954年開始跨入時裝領域。並開設精品店名為「EVE」。皮爾・卡登對於時裝的概念是，時裝必須大眾化，價格和設計都要以平民為出發點來著想。1950年代下半期，皮爾・卡登是時裝界少數持此看法的設計師。1973年皮爾・卡登的事業已臻成熟，為了跨國的布局，皮爾・卡登以自己的名字成立法商皮爾・卡登公司，此後公司事業日漸全球化，在男裝、女裝、服飾配件中都是國際知名的品牌。這些時裝領域外，皮爾・卡登於1960年代晚期開始設計許多不同的產品，包括鬧鐘、咖啡壺、家具、汽車、鋼筆等。皮爾・卡登最擅長的經營策略是發展截然不同的產品線和品牌，成功之後銷售給想要繼續經營的公司。1980年代他甚至跨到餐飲業、經營起食品的銷售。皮爾・卡登的馬克西姆（法語：Maxim's）餐廳在倫敦、紐約、北京開設分店。參考自「維基百科；https://zh.wikipedia.org/wiki/%E7%9A%AE%E7%88%BE%C2%B7%E5%8D%A1%E7%99%BB」（2018.06.09）。

[43] 參考自「百度百科；https://baike.baidu.com」及「《名家經典之二》現代服裝史上最帥的師徒檔——巴蘭夏加和紀梵希；http://blog.sina.com.tw/sunspace/article.php?entryid=657293」（2018.06.09）。

[44] 馬克芯・德拉法蕾絲（Maxime de la Falaise）是巴黎1930年代著名的女設計師伊莎・夏帕瑞莉（Eisa Schiaparelli的專屬模特兒，也是那個年代最知名的時尚偶像，被譽為「同代人中唯一真正時髦的英國女性」、「一位真正的波西米亞人」。

[45] 嬉皮士（Hippie, Hippy）被用來描寫西方國家1960年代和1970年代反抗習俗和當時政治的年輕人。嬉皮士這個名稱是因《舊金山紀事報》的記者赫柏・凱恩所普及的。嬉皮士不是統一的文化運動，它沒有宣言或領導人物。嬉皮士以公社式及流浪的生活方式反應他們對民族主義和越南戰爭的反對，嬉皮士提倡非傳統宗教，批評西方國家中層階級的價值觀。嬉皮士批評政府對公民的權益限制，大公司的貪婪，傳統道德的狹窄和戰爭的無人道性。嬉皮士將反對的機構和組織稱為「陳府」或「建制」（The Establishment）。當時的嬉皮士會以使用藥物、神祕的修養或兩者的混合，想要改變內心和走出社會的主流。遠東形而上學和宗教實踐及原始部落的圖騰信仰對嬉皮士影響

很大。這些影響在1970年代演化為神祕學中的新紀元運動。參考自「維基百科；https://zh.wikipedia.org/wiki/%E5%AC%89%E7%9A%AE%E5%A3%AB」(2018.06.09)。

46 「披頭族」（Beatnik）是大眾媒體創造的刻板印象，盛行於1950年代至1960年代中期，展現的是1950年代「垮掉的一代」（或稱疲憊的一代，Beat Generation）文學運動中膚淺的一面。有關披頭族的橋段包括偽智主義（Pseudo-intellectualism）、吸食毒品，以及傑克‧凱魯亞克在自傳體小說（英語：Autobiographical Fiction）中對現實生活中的人們進行的卡通化的描述和對心靈的拷問。參考自「維基百科；https://zh.wikipedia.org/wiki/%E6%8A%AB%E5%A4%B4%E6%97%8F」(2018.06.09)。

47 崔姬（Twiggy），本名雷絲莉‧紅碧（Lesley Hornby）英國名模、演員以及歌手；是1960年代紅極一時的名模，崔姬畫眼線的方法是個標記之一；以短髮、大眼、瘦扁、充滿小女孩天真無邪風格成名，只有五呎五吋高。就是從崔姬開始，模特兒被認為身材要纖瘦；因此被譽為「世界上第一位超級名模」。參考自「維基百科；https://zh.wikipedia.org/wiki/%E5%B4%94%E5%A7%AC」(2018.06.09)。

48 大眾文化產生於20世紀城市工業社會、消費社會，以大眾傳播媒介為載體，並且以城市大眾為對象的複製化、模式化、批量化、類像化、平面化、普及化的文化形態；是從生活中列舉的大眾文化系列，包括娛樂性的書報雜誌、影視文化、流行歌曲、飲食文化、服飾文化、網路文化、街頭藝術、廣告等；其形式與範圍是任何文化類型都無法比擬的。而且隨著社會的變化，大眾文化的形式還會不斷延伸。參考自「MBA智庫百科；http://wiki.mbalib.com/zh-tw/%E5%A4%A7%E4%BC%97%E6%96%87%E5%8C%96」(2018.06.09)。

49 普普藝術（Pop Art，又譯為「波普藝術」或「通俗藝術」），是探討通俗文化與藝術之間關聯的藝術運動。普普藝術試圖推翻抽象表現藝術並轉向符號、商標等具象的大眾文化主題。普普藝術是由1956年英國藝術評論家羅倫斯‧艾偉（Lawrence Allowey）所提出。普普藝術同時是諷刺市儈貪婪本性的沿伸，是當今較底層藝術市場的前身。普普藝術家大量複製印刷的藝術品造成相當多評論。早期某些波普藝術家力爭博物館典藏或贊助的機會。並使用廉價顏料創作，作品不久後無法保存，引起爭議。1960年代，普普藝術影響英國與美國，造就許多當代的藝術家。後期的普普藝術幾乎都在探討美國的大眾文化。從意識型態與社會發展背景，普普藝術在1960年代反抗當時權威文化與架上藝術，具有對傳統學院派的反抗，同時具有否定現代主義藝術的成分，虛無主義、無政府主義是普普藝術的精神核心。普普藝術特殊地方在於它對於流行時尚有相當特別而且長久的影響力；不少服裝設計師、平面設計師都直接或間接地從普普藝術中取得靈感。

[50] 摩德文化（Modernism或Modism，簡稱Mod，次文化族群則稱為Mods）源起於英國1960年代，於中倫敦蘇活區俱樂部出現，且迅速成為第一個青少年的次文化（之後便快速傳遍全英國）。其脈絡最早可追溯至50年代，當時英國時尚文化受到多重文化影響，最大影響來自美國，1950年代美國搖滾樂盛行，時下年輕人被稱之為「泰迪男孩」（Teddy Boys又簡稱Ted Boys），此風之後傳入英國，遂自行演變成Mods的次文化，其年輕人稱之為Mods（摩斯族）。參考自「維基百科；https://zh.wikipedia.org/wiki/%E6%91%A9%E5%BE%B7%E6%96%87%E5%8C%96」(2018.06.09)。

[51] 1958年，馬克・博昂的設計才華被迪奧公司賞識，讓他負責公司英國方面的業務。兩年之後，馬克・博昂被升任為迪奧公司的首席設計師與藝術總監。從此，博昂開始迪奧公司靈魂人物的設計生涯。1961年，推出由長而苗條的緊身上衣和緊身裙組合而成的筆桿式線條。馬克・博昂最具影響力的作品系列是1966設計毛皮鑲邊束皮帶的長形外套、長至小腿的漩渦形衣裙及靴子。馬克・博昂的晚裝設計十分優美，常裝飾蝴蝶結。馬克・博昂一直忠心耿耿地在迪奧公司工作，為維持其品牌及聲譽而努力不懈，發展既具高雅格調又充滿現代感的風格。

[52] 參考自「百度百科；https://baike.baidu.com/item/%E7%93%A6%E4%BC%A6%E8%92%82%E8%AF%BA%C2%B7%E5%8A%A0%E6%8B%89%E7%93%A6%E5%B0%BC/3326732?fromtitle=Valentino%20Garavani&fromid=7786786」(2018.06.20)。

[53] Pitti Uomo男裝博覽會是全球每年最為重要的男裝盛會；源自於致力推動全球時尚文化的Pitti Immagine公司。最初於1972年的9月舉行，以每年兩次的頻率，分別於1月和6月在佛羅倫斯的Fortezza da Basso舉行，每到舉辦期間來自全球各地的參展品牌、時尚買手、品牌設計師、模特兒、時尚編輯及攝影師等時尚專業領域人士，見證當下男裝流行趨勢。

[54] 參考自「維基百科；https://zh.wikipedia.org/zh-tw/喬治・亞曼尼」(2018.06.30)。

[55] 參考自「台灣WORD：Vivienne Westwood；http://www.twword.com/wiki/Vivienne%20Westwood」、「無畏無懼的龐克教母——薇薇安・衛斯伍德展覽；http://blog.roodo.com/cynia/archives/561359.html」、「維基百科；https://zh.wikipedia.org/zh-tw/薇薇安・魏斯伍德」(2018.06.16)。

[56] 1981年7月29日上午11時，十億人口透過電視直播，見證英國皇室的世紀夢幻婚禮：年僅20歲的鄰家女孩戴安娜（Diana），與大她12歲的王儲查理斯（Charles），雙雙步入聖保羅大教堂，正式結為夫婦，點亮所有媒體的閃光燈。戴安娜王妃（Princess Diana）當天童話式婚禮穿著英國倫敦設計師夫婦David、Elizabeth Emanuel（已離婚）設計的8米長拖尾婚紗，令無數女性

至今仍津津樂道。此後，戴安娜王妃的髮型、高的衣領、平底鞋、帽子、手套，以及細緻優雅的氣質，成為全球關注的焦點與模仿對象。

57 瑪丹娜（Madonna Louise Ciccone, 1958- ），出生於美國密西根州貝城，是美國著名女歌手、演員和企業家。瑪丹娜跳脫主流流行音樂歌詞內容和音樂錄影帶視覺影像的傳統框架，公然挑戰世俗禁忌議題，在全球獲得極高的知名度，瑪丹娜在1984年發行膾炙人口的經典MV《宛如處女》（Like a Virgin）引爆話題；該歌曲吸引許多組織的注意且抱怨該歌曲和音樂錄影帶宣傳婚前性行為及暗中顛覆家庭價值觀，同時許多道德說教者要求禁止該歌曲和音樂錄影帶播放；瑪丹娜是利用影音影像手法達到宣傳自我最澈底的藝人。

瑪丹娜的外型、穿衣風格、表演和音樂錄影帶影響了年輕女孩和女人。瑪丹娜的風格成為1980年代的女性時尚潮流之一；由造型師兼珠寶設計師馬里珀（Maripol）創造，該外型包括蕾絲上衣、裙子穿在卡普里褲（Capri Pants，又稱七分褲）外、網襪、十字架珠寶、手鍊和漂白的頭髮，後獲得全球性的關注。參考自「維基百科；https://zh.wikipedia.org/zh-tw/瑪丹娜」（2018.06.16）。

58 油漬搖滾，又譯垃圾搖滾、頹廢搖滾（Grunge，亦被稱Seattle Sound），屬於另類搖滾的音樂流派，起源於1980年代中期美國華盛頓州，特別是西雅圖一帶。油漬搖滾是將另類搖滾、噪音搖滾、硬核龐克和重金屬混合的樂派，普遍使用猛烈的失真電吉他作演出，與歌曲力度、淡漠或滿斥憂慮的歌詞形成強烈對比。油漬搖滾美學常被抽絲檢視與其他搖滾樂派相比，許多油漬搖滾樂家被認為其作風不修邊幅、捨棄誇張不實之感。參考自「維基百科；https://zh.wikipedia.org/wiki/油漬搖滾」（2018.06.16）。

59 哥德次文化起源於1980年代初期的英國，自後龐克衍生出來的哥德搖滾界。哥德次文化比同時期其他文化的存在時間還要長久，並不斷衍生出各種類型。其意象及文化影響從19世紀的哥德文學與恐怖電影，到少部分的BDSM文化（BDSM是用來描述與虐戀相關的人類性行為模式）。主要的次群體正是BDSM的縮寫字母：綁縛與調教（Bondage & Discipline，即B/D），支配與臣服（Dominance & Submission，即D/S），施虐與受虐（Sadism & Masochism，即S/M）。哥德文化也衍生出相關的音樂、美學和風格。哥德音樂包含不同的類型，共同特色是哀傷、神祕的音樂與觀點。衣服風格則包含死亡搖滾（Death Rock）、龐克風、雙性（Androgynous）、維多利亞風、一些文藝復興及中世紀時期的衣服樣式，或者是結合上述各項風格。另外還經常搭配黑色的服裝、彩妝與頭髮。參考自「維基百科；https://zh.wikipedia.org/zh-tw/哥德次文化」（2018.06.16）。

60 真正的「古著」，是能夠代表復古年代文化的，這種服飾，英文稱作「Vintage」，它們的價值，不在於好看或設計精緻，而是它們本身的歷史痕跡。參考自「vintage-style-blogs -becomegorgeous.com」（2018.06.16）。

61 通常萊卡會與其他纖維混合織造衣物，例如彈性褲襪就是彈性纖維與尼龍一起織造，賦予織物高度彈性，彈性牛仔褲的彈性便是來自萊卡。

62 參考自「維基百科；https://zh.wikipedia.org/zh-tw/喬治・亞曼尼」(2018.06.30)。

63 參考自「Wikipedia, the free encyclopedia; https://en.wikipedia.org/wiki/Jean-Paul_Gaultier」(2018.06.23)。。

64 馬丁・馬吉拉（Martin Margiela, 1957）是比利時服裝設計師，出生於比利時亨克，和比利時前衛風格——安特衛普六君子皆為安特衛普皇家藝術學院畢業學生；個人品牌為Maison Martin Margiela（La Maison為法文「家」的意思）。馬丁・馬吉拉曾於1985-1987年擔任尚-保羅・高緹耶（法語：Jean-Paul Gaultier, 1952- ）的助手，並於1997-2003年擔任愛馬仕（Hermès）的設計總監。

65 2001年，比利時安特衛普的Landed Geland Fashion Festival舉行期間，Walter Van Beirendonck創辦A Magazine Curated by，由Paul Boudens擔任美術總監，為比利時首本時裝雜誌；加上當時「安特衛普六君子」的崛起，A Magazine Curated by瞬間成為國際時尚界的熱門話題，每期邀請具影響力的時裝設計師、組織或時裝公司擔任總策劃，主題自由選定，從人物、情感，甚至個人的故事與美學等。2004年，第一期A Magazine Curated by有Maison Martin Margiela的參與，後來陣容頂盛包括Riccardo Tisci、Undercover的Jun Takahashi、Tom Browne、Yohji Yamamoto、Proenza Schouler及Haider Ackermann等。各大名家各展身手，充分發揮時裝的前瞻性，MMM的純白解構與Ricardo Tisci及Jun Takahashi的暗黑哥德都令人驚訝不已。參考自「BARZARD；https://www.harpersbazaar.com.hk/fashion/get-the-look/the-fashion-pioneer-magazine-curated」(2018.08.18)。

66 參考自「維基百科；https://zh.wikipedia.org/wiki/川久保玲」及「百度百科；https://baike.baidu.com/item/川久保玲」(2018.06.23)。

67 比利時設計師馬丁・馬吉拉（Martin Margiela），1980年肄業於安特衛普皇家藝術學院（Antwerp's Royal Academy of Fine Arts），1980年代，日本先鋒設計師川久保玲（Rei Kawakubo），以極端怪異的設計掀起顛覆傳統時裝的設計風潮，馬丁・馬吉拉深受川久保玲設計概念影響。

68 安特衛普皇家藝術學院最初的六位設計師，被視為第一代「安特衛普六君子」（The Antwerp Six）。如今，「安特衛普六君子」這個稱號已經超出其原始意義，成為1980年代以來畢業於安德衛普皇家藝術學院的前衛設計師們的代名詞。1980年代初，一群畢業於安特衛普皇家藝術學院的學生，懷抱夢想，開著租來的破卡車，到倫敦時裝週秀場外，舉辦一場令時尚評論家驚艷的前衛時裝發布會；這群窮學生沒有足夠經費，因此租借箱型卡車和簡陋

的聲光器械，裝備雖然粗劣，這場「游擊戰」式的發表會卻贏得英國媒體的意外關注，在官方會場外帶動「喚醒評論家」的時尚新體驗。參考自「台灣 Word；http://www.twword.com/wiki/安特衛普六君子」(2018.06.30)。

69　海爾姆特‧朗（Helmut Lang）的設計以簡約主義見稱，2005年春夏系列貫徹以往作風，將原創概念連同別出心裁的細節（Detailing）設計出系列令人愛不釋手的服飾。以黑、白、灰及咖啡色為主，焦點款式包括以楞條花布（Cord）作圖案的針織背心及褲子配飾，暗條子／格子紋西裝款外套及鑲有鐵鈕釦的直身褲子。另外還有令人趨之若鶩的花卉圖案白色褲子。並巧妙地將簡約概念與時尚感融合，成為極具海爾姆特‧朗風格的設計。參考自「百度百科；https://baike.baidu.com/item/Helmut%20Lang」(2018.06.30)。

70　參考自「台灣WORD；http://www.twword.com/wiki/Jil%20Sander」(2018.06.30)。

71　參考自「台灣WORD；http://www.twword.com/wiki/安特衛普六君子」及「華人百科；https://www.itsfun.com.tw/安特衛普六君子/wiki-3147346-1014226」(2018.06.30)。

72　參考自「維基百科；https://zh.wikipedia.org/zh-tw/梅森‧馬丁‧馬吉拉」與「Martin Margiela（馬丁‧馬吉拉）：低調到絕跡的解構鬼才；http://hqmsart.com/a/yishuliuxue/offer/2016/0726/143.html」(2018.06.30)。

73　參考自SAOWEN (2018-01-02 36kr.com)，2018時尚產業十大趨勢：實驗室種皮革、亞太將主導時尚圈；https://hk.saowen.com/a/db3bb228addd188695792daa624c7cca05d176aba42cecc6dea4f3327ee93621(2018.08.01)。

PART 5

時尚品牌行銷

　　前述時尚潮流一百年中，許多知名設計師以自己姓名成立公司，建立設計風格與品牌形象；21世紀後，時尚產業品牌建立與品牌形象維護，更需要資金、市場行銷、產品組合、產品通路、網路行銷等策略，以提升品牌知名度與品牌價值。本書以全球知名時尚品牌為例，舉例說明品牌之創立背景、設計風格、品牌行銷策略與品牌價值之時尚品牌行銷策略。

一、市場行銷[1]

　　市場從不同的角度，可以劃分為不同的類型。其中依據商品的基本屬性可劃分為一般商品市場與特殊商品市場。一般商品市場指狹義的商品市場，即貨物市場，包括消費品市場及工業品市場；特殊商品市場指為滿足消費者的資金需要與服務需要而形成的市場，包括資本市場、勞動力市場和技術信息市場。對以上兩種市場作分析時一般要研究消費者市場、產業市場及政府市場。

　　市場行銷理論發展的五個階段[2]：

(一)生產導向階段（19世紀末～20世紀初）

　　亦稱生產觀念時期，以企業為中心階段。由於是工業化初期，市場需求旺盛，社會產品供應能力不足，消費者總是喜歡可以隨處買到價格低廉的產品，企業也就集中精力提高生產力和擴大生產分銷範圍，增加產量，降低成本。在這一觀念指導下的市場，一般認為是重生產、輕市場時期，即只關注生產的發展，不注重供求形勢的變化。

(二)產品導向階段（20世紀初～20世紀30年代）

　　亦稱產品觀念時期，以產品為中心時期。經過前期的培育與發展，市場上消費者開始更為喜歡高質量、多功能和具有某種特色的產品，企業也隨之致力於生產優質產品，並不斷精益求精。因此這一時期的企業常常迷戀自己的產品，並不太關心產品在市場是否受歡迎，

是否有替代品出現。

(三)銷售導向階段（20世紀30年代～20世紀50年代）

亦稱推銷觀念時期。由於處於全球性經濟危機時期，消費者購買慾望與購買能力降低，而在市場上，商家貨物滯銷已堆積如山，企業開始收羅推銷專家，積極進行一些促銷、廣告和推銷活動，以說服消費者購買企業產品或服務。

(四)市場導向階段（20世紀50年代～20世紀70年代）

亦稱市場觀念時期，以消費者為中心階段。由於第三次科技革命[3]興起，研發受到重視，加上二戰後許多軍工轉為民用，使得社會產品增加，供大於求，市場競爭開始激化。消費者雖選擇面廣，但並不清楚自己真正所需。企業開始有計畫、有策略地制定行銷方案，希望能正確且快捷地滿足目標市場的欲望與需求，以達到打壓競爭對手，實現企業效益的雙重目的。

(五)社會長遠利益導向階段（20世紀70年代～至今）

亦稱社會行銷觀念時期，以社會長遠利益為中心階段。由於企業運營所帶來的全球環境破壞、資源短缺、通膨、忽視社會服務，加上人口爆炸等問題日趨嚴重，企業開始以消費者滿意及消費者和社會公眾的長期福利作為企業的根本目的和責任，提倡企業社會責任。這是對市場行銷觀念的補充和修正，同時也說明，理想的市場行銷應該同時考慮：消費者的需求與欲望，消費者和社會的長遠利益以及企業的行銷效應。

二、行銷策略

(一)行銷策略三部曲「STP」

科特勒（Philip Kolter）在《行銷管理學》中指出，「有效的行銷，是針對正確的顧客，建立正確的關係。」要做出有效的「目標行銷」，必須採取三個步驟：就是透過市場區隔（Segmentation）→選擇目標市場（Targeting）→定位（Positioning）的過程，針對較願意購買人集中行銷力道。做出市場區隔，即分析「有哪些不同需求與偏好的購買族群？」；選擇目標市場，即要「經營哪一個或多個市場區隔？」；進行市場定位，即「如何將商品的獨特利益，傳遞給市場區隔中的顧客？」這套方法，是1960年來行銷領域中不變的經典法則，也是支撐行銷策略的三大骨幹，簡稱為「STP」。

◆S（市場區隔）

1950年代，美國行銷學家溫德爾‧史密斯（Wendell Smith）率先提出，整個市場必須隨著消費者的屬性、需要、特徵、行為、習慣等差異，被細分為不同的子市場。

現今市場變化太快，以傳統的年齡和性別等基本條件定義目標客群，已經抓不準消費者樣貌，行銷商品應先思考消費者可能的需求和購買動機做出區隔，當這些需求都確立，再進一步描繪年齡和收入等資訊。廠商必須更積極地想像顧客購買的動機、情境與行為，才能提出吸引消費者購單的行銷方案。

◆T（選擇目標市場）

傑羅姆‧麥卡錫（E. Jerome McCarthy）在發表4P理論[4]時，同時提到「選擇目標市場」為行銷的想法；是公司針對有相同需要與特色的特定的潛在族群而做的行銷努力。

◆P（定位）

　　行銷顧問公司Trout & Ries Inc.創辦人艾爾‧賴茲（Al Ries）和傑克‧屈特（Jack Trout）主張，每個產品和品牌都需要「一句話」，以說明和競爭對手間的區隔，稱之為「定位」。定位是企業在潛在顧客心目中，企圖塑造屬於品牌本身的獨特的風格或地位；亦即將品牌獨特的利益與差異化，深植入消費者的心中。

　　根據「STP」的流程，提出行銷策略時，應先將市場細分，從中選擇主打的對象，並建立目標對象心中的商品地位，創造難以取代的價值。

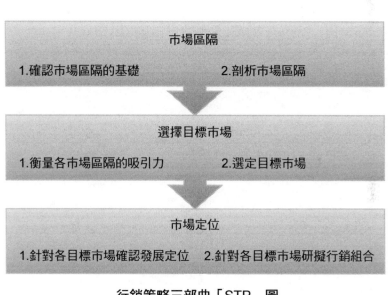

行銷策略三部曲「STP」圖

(二)市場區隔「五個基本層次」

　　市場區隔是將消費者依不同的需求、特徵區分成若干個不同的群體，而形成各個不同的消費群[5]。市場區隔的變數包括：地理變數（例如地區、國家大小、城市大小、密度、氣候等）、人口變數（例

如年齡、性別、家庭人口、家庭生命週期、收入、職業、教育、宗教、種族、籍貫等）、心理變數（例如社會階級、生活型態、人格特徵等）、行為變數（例如消費者對產品知識、態度、使用與反應等行為、使用率等）、其他變數（例如購買習慣、品牌忠誠度、核心利益等）等。

當企業從大眾行銷（Mass Marketing）轉向到小眾行銷（Micromarketing）時，通常會從大眾（Mass）、區隔（Segment）、利基（Niche）、地區（Local Area）及個人（Individual）五種，由大到小的市場規模中，選擇其一。

◆大眾行銷（Mass Marketing）

無區隔化，是大量生產及配銷，應用相同方式對所有消費者促銷相同商品；屬於低成本、低價格、高風險的行銷方式。

◆區隔行銷（Segment Marketing）

市場區隔是由一群擁有相同欲求、購買能力、地理位置、消費態度或購買習慣的人所組成；符合部分不同族群的需要。

由於每個人的需求不同，企業的產品或服務應該具有彈性，包含「基本解決方案」及「任意選擇項目」兩個部分：前者提供的要素能夠滿足區隔內的所有成員，後者則要能滿足某些人的特殊偏好。例如飛機經濟艙的旅客皆可享用免費汽水，但想喝酒的旅客則需另外付費。

◆利基行銷（Niche Marketing）

「利基」指的是一個需求特殊而未被滿足的市場，定義的範圍較小。

利基市場的競爭者較少，所以業者可透過「專精」來獲取利潤和成長，因為這個市場的顧客通常願意支付較高的金額，滿足自己的特殊需求；屬於專注在區隔市場中的次群體，基於公司財物力限制而行

的方案。

◆地區行銷（Local Marketing）

指依照特定地區顧客群的需要與欲求，而發展出的特殊行銷方案。

地區行銷反映另一個行銷趨勢「草根行銷」，以接近個別消費者。這種行銷方式除了提供產品和服務之外，並試圖傳遞獨特、難忘的消費經驗。例如運動用品大廠耐吉（Nike）早期成功的原因之一，就是贊助學校校隊的衣鞋與設備；屬於「體驗式行銷」。

◆個體行銷（Individual Marketing）

市場區隔的終極目標，就是達成「個體區隔」、「客製化行銷」及「一對一行銷」。

現今消費者購買時，更重視個人化因素，因此有些企業結合大眾行銷與客製化（Customization），提供「大眾客製化」（Mass Customization）平台，讓顧客挑選想要的產品、價格或運送方式，達成更精準的溝通；屬於專注於每個很小的區域市場，依據顧客喜好而量身訂做的產品與方案的行銷。

(三)「4P」行銷組合

產品市場定位（Market Positioning）是制定產品在各目標區隔的競爭性地位與詳細的行銷組合。行銷組合包括產品（Product），即發展、設計適合企業提供給目標市場的產品及服務組合；價格（Price），即訂定適當的價格（零售價、批發價、折扣等），以迎合消費者；配銷通路（Place），即應用不同的配銷通路，將產品送達目標市場；促銷（Promotion），即利用各式廣告、人員銷售等促銷手法，宣導產品的優點，增加產品於目標市場中的銷售數量。以下例舉LV（Louis Vuitton）的「4P」行銷組合為參考。

LV（Louis Vuitton）的「4P」行銷組合表

4P	說明
產品 （Product）	1.感性訴求，以品質作為後盾。 2.勇於突破創新，應用先進技術輔助，兼具手工打造的工匠品質。 3.引領潮流，不斷推出精品新款式、新點子及新材質，並融入流行時尚的經典元素。 4.提供客製化服務，將顧客的想像化為現實，提供旅遊精品。
價格 （Price）	1.懂得以各種策略，保持其傳奇、經典、高貴的價值感。 2.「絕不減價」的價格策略是重要關鍵。 3.皮具是永遠不減價的，從來不在任何百貨公司促銷時打折。
通路 （Place）	1.百貨公司的LV專櫃，其商品須交由百貨公司的館外倉庫保管。 2.委託百貨公司的營運方式與原來的代理店販賣模式等，全部由百分之百的直營銷售模式，以確保對商品專業知識的提供。
推廣 （Promotion）	1.善用銷售故事情境，例如從鐵達尼號打撈上來的皮箱滴水不漏的故事，為消費者的購買創造理由。 2.鋪陳與消費者息息相關、魅力十足的關聯，掌握深刻的歷史背景與文化力量。 3.行銷全著眼在「全球」的框架，全球統一的廣告。 4.商品全球統一定價。 5.銷售員與經銷商都必須依照標準，統一培訓，深刻瞭解品牌內涵。 6.嚴格統一品牌形象，例如在巴黎的LV總部，擁有全世界兩百多家直營店的平面圖。

(四)產品定位與行銷策略的關係

可分為三項：無差異行銷（Undifferentiated Marketing）、差異化行銷（Differentiated Marketing）、集中市場（Focus Marketing）。

1. 無差異行銷：在市場上僅推出單一產品及使用大量配銷與大量廣告促銷方式，吸引所有的購買者。主要的特點為生產、存貨與運輸、廣告行銷成本均較經濟，例如：白蘭氏雞精。

2. 差異化行銷：同時選擇數個區隔市場經營，並為每一區隔市場設計發展不同的產品。主要特點為深入區隔市場、增加銷售額。例如玫瑰四物飲、青木瓜四物飲。

3. 集中市場：選擇一個或少數幾個區隔市場集中全力經營，該行銷策略通常公司資源有限時使用。主要特點為集中行銷所產生

的風險較高。例如：《管理月刊》針對管理者為行銷對象。

(五)品牌競爭力「SWOT分析」

「SWOT分析」來自於麥肯錫諮詢公司的SWOT分析，包括分析企業的優勢（Strengths）、劣勢（Weaknesses）、機會（Opportunities）與威脅（Threats）。SWOT分析是對企業內外部條件各方面內容進行分析組織的優、劣勢，面臨的機會與威脅的方法。透過「SWOT分析」，企業掌握資源應用及研擬較有效之行銷策略。

◆優勢（S）與劣勢（W）

企業競爭的角度而言，「優勢」與「劣勢」，是企業與其競爭者或是潛在競爭者（以某一技術、產品或是服務論）的比較結果。企業本身的優勢是競爭對手的劣勢，而競爭對手的優勢就是本身的劣勢。

企業經營中的五管，分別為生產、銷售、人力、研發與財務。如果進一步擴充則需要涵蓋商業模式（屬於經營決策部分），內部行政管理、企業外部投資行為、技術取得的模式與智慧財產權等法務議題等，其中上述每一議題均可根據相關管理學書籍所需討論的面向進一步細分。換句話說，逐一比對企業本身與競爭者（及潛在競爭者）的每一項因素即可定義出何謂優勢與何謂劣勢。

◆機會（O）與威脅（T）

「機會」與「威脅」是指外在環境分析，一方之機會即是另一方的威脅；其基本組成即是「PEST分析」，是利用環境掃描分析總體環境中的政治（Political）、經濟（Economic）、社會（Social）與科技（Technological）等四種因素的模型；是市場研究時，外部分析的一部分，能給予公司針對總體環境中不同因素的概述。這個策略工具能有效地瞭解市場的成長或衰退、企業所處的情況、潛力與營運方向。

可口可樂SWOT分析參考表

	優勢（S）	劣勢（W）
企業內部條件 策略規劃 企業外部環境	1.最具贊助典範的企業夥伴。 2.縱橫於世界六百五十種語言地區，市場版圖跨越五大洲近二百個國家。 3.不只賣可樂，並開發其他種類飲料的新產品。 5.歷史悠久，在市場上已有一定的地位。	1.策略管理未加系統整合與擬定特定發展目標。 2.新口味的研發失敗，對公司是一項很大打擊，並造成重大損失。 3.顧客忠誠度的逐漸轉移。 4.喪失發展市場的先機。
機會（O）	**SO戰略──增長性戰略**	**WO戰略──扭轉性戰略**
1.贊助奧運會與世界足球賽，掌握全球曝光機會，提升產品知名度；擴大市場範疇。 2.進軍中國農村市場。 3.進軍美國電影市場。 4.聯合太古中糧。	進軍中國農村市場和美國電影市場，為品牌打廣告，提升品牌知名度，擴大市場版圖。	1.將策略管理由總部整合，並發展共同的目標；掌握基本顧客。 2.贊助奧運會、世界盃足球賽，利用全球曝光機會，提升品牌、產品知名度。 3.贊助其他比賽活動，建立品牌企業形象。
威脅（T）	**ST戰略──多元化戰略**	**WT戰略──防禦性戰略**
1.百事可樂是可口可樂公司最大的競爭對手；可口可樂公司本身要有所警覺，以免自己的市場地位被取代。 2.對於民營事業的強力競爭，其發展的市場不容忽視。 3.網路仿冒者會仿冒其他品牌的名聲，借此打廣告，甚至生產一些仿冒品販賣。 4.公司產品若未獲得當今年輕人青睞，市場便萎縮一半，喪失競爭能力。 5.工廠的廢棄物導致當地居民的控訴，所以該公司對廢棄物的處理，需要慎重把關，不能敷衍了事。	1.為防止網路仿冒者入侵，研擬產品管理策略，以免輕易被仿冒。 2.百事可樂是可口可樂的最大競爭者，為不被競爭者取代，需提升產品優勢與品質，掌握在原有市場的地位。	1.為獲得年輕人喜愛，需研發新口味產品，才能開拓新商機。 2.該公司完善對廢棄物的處理，避免當地居民反彈與造成環境的汙染。

(六)品牌行銷秘訣

品牌的誕生非常不容易，如何維持品牌的形象與價值更為困難；因此，要同時擁有好品牌又可以成功行銷，使消費者建立品牌忠誠度及認同感，使投資商感受到品牌的魅力與合作，需要長期經營與維護。

1. 掌握新舊顧客資源：維持對既有顧客之品牌認同感與服務系統，同時策略性開發新客戶；因此，新舊顧客資源投入比重須謹慎掌握分配。

2. 凸顯產品與眾不同：英國的組織學家與行銷專家Tim Ambler在《行銷與盈虧》（*Marketing and the Botton Line*）提到：「與眾不同仍是行銷的核心，高明的行銷人員會不斷嘗試新的事物，有效的東西他們會繼續使用，行不通的東西則會避開。糟糕的行銷人員則是人云亦云，跟隨大家的腳步，而且做得太晚和太少。」Tim Ambler並指出：「與眾不同對於新品牌或許沒什麼關係，但是成熟的品牌往往有一大群模仿者，所以成熟的品牌一定得想辦法維持『新鮮感』與『獨特性』。」行銷者或經營者切忌落入選擇「安全的」行銷策略陷阱，因為那只會讓產品或服務顯得更商品化。如果消費者無法辨識產品與競爭對手的產品之差異，表示所採取的行銷策略未能具備任何優勢。

3. 打動消費者的心：除了讓消費者看到廣告，須讓消費者接收到品牌想要傳達的訊息，才能讓品牌在消費者心中建立更高的可信度。要達到這個目標必須對所有的消費接觸點（Touch Points），不管是店內的宣傳、網路行銷宣傳，或手機、雜誌等各式宣傳，須確實瞭解才能妥善運用。

4. 適當管理行銷投資組合：整合行銷（Integrated Marketing）的優勢包括消費者可從好幾個平台持續收到品牌傳達的訊息，不同的平台交錯與合作就可達到最好的品牌行銷訊息。整合行銷能應用計量經濟方法等評量工具協助評估及追蹤各種不同行銷管

道的成效，以技巧和方法適當分配預算，驗證該管道的表現是否良好，以及是否保留在行銷投資組合中。

5. 採取集中投資法：企業在規劃行銷策略時，某些階段需採用集中投資的概念（Focus Investing），避免分散投資的誘惑；將投資集中在一、二項重點，產生最棒的成效。例如將本年度的行銷預算全數投入在網路上，應用各種工具與管道全力集中在網路行銷，發揮最佳效果。

6. 行銷應著重成效：擬定正確的投資報酬率指標，檢視投資成效。正確使用投資報酬率指標的三大原則，包括何時使用、何地使用及如何使用；符合投資報酬率衡量的指標包括消費者的產品回購率、顧客對獲利的貢獻度、顧客滲透率、品牌忠誠度等。

7. 知己知彼百戰百勝：應用計量經濟方法進行品牌組合分析，並密切瞭解市場的情況與競爭對手的動向，以便隨時彈性調整組合行銷策略。

8. 提升人才服務品質：行銷策略包括公司人才的投資，激勵員工士氣與向心力，讓客戶得到更好的互動經驗，提升顧客對品牌的忠誠度。

9. 名人效應：邀請與品牌形象符合之名人代言，產生品牌加乘效應，讓名人成為品牌的一部分。例如CHANEL史上最賺錢的產品「CHANEL No.5香水」，曾邀請大明星凱瑟琳・丹妮芙（Catherine Deneuve）、卡洛・波桂（Carole Bouquet）、艾絲泰娜・華倫（Estella Warren）、妮可・基嫚（Nicole Kidman）、奧黛莉・朵杜（Audrey Tautou）、布萊德・彼特（Brad Pitt）等名人為CHANEL No.5香水代言的廣告，傳為經典。

10. 網路化平台：網路世界提供資訊流通與交易平台，從開始的B2C到C2C，眾多的消費者使用網路，消費者的使用行為日漸分眾。大眾傳播媒體日漸式微，轉變為分眾行銷的發展趨勢；

因此，掌握分眾趨勢脈絡是品牌行銷策略的重點。

11.客戶關係管理：妥善會員經營管理，例如會員制度規劃、會員資料庫管理、會員活動設計等，以及客戶服務，例如小型電話客服機動組合、傳真、e-DM與DM及SMS簡訊服務等。

(七)整合行銷傳播

整合行銷傳播（Integrated Marketing Communications）是將企業的傳播方式綜合集成，包括一般的廣告、與客戶的直接溝通、促銷、公共關係等，整合個別分散的傳播信息，從而使得企業及其產品和服務的總體傳播效果達到明確、連續、一致和提升；使客戶及潛在客戶接觸整合的信息，產生購買行為，並維持消費忠誠度。

1.形象及平面應用設計：CI設計、CI專家配合、CI視覺傳達、廣告稿設計等。

2.廣告策略：媒體採購、媒體置入、媒體經營等。

3.公關策略：以公關方式進行傳播溝通，針對電視、報紙、雜誌、廣播、網路等。

4.媒體通路：進行訊息溝通與傳達等。

5.直效行銷：資料庫管理、資料分析、名單收集、資料庫行銷規劃等。

6.網路行銷：網站設計及網站管理經營、網路活動設計、網路廣告及關鍵字廣告投放與媒體採買等。例如FB行銷（關鍵字優化）、PTT[6]行銷（網頁設計）、YouTube行銷（SEO[7]優化）、微電影行銷（網路開店）、Line行銷（產品訊息）、口碑行銷（品牌形象）、APP[8]開發（品牌訊息）等。

7.行銷活動企劃執行：促銷、新品上市系列推廣活動、研討會及展示會等。

三、全球知名時尚品牌行銷策略

(一)「百年老店」香奈兒（CHANEL）

法國品牌CHANEL，永遠有著高雅、簡潔、精美的風格；歐美上流女性社會流傳「當你找不到合適的服裝時，就穿CHANEL套裝」。

◆品牌創立年代

1914年影響後世深遠的時尚品牌「CHANEL」宣告正式誕生。CHANEL是超過一百年歷史的著名品牌。

◆設計風格

1. 1920年代之前的女性只穿裙子，步入1920年代，可可・香奈兒設計不少創新款式，例如針織水手裙、黑色小洋裝、樽領套衣等。粗花呢大衣、喇叭褲等是可可・香奈兒戰後時期的作品。
2. 可可・香奈兒從男裝上取得靈感，為女裝添上男兒味，改變當時女裝過分豔麗的綺靡風尚，例如將西裝褸（Blazer）樣式加入CHANEL女裝系列中，並推出CHANEL女裝長褲。
3. 香奈兒的設計一直保持簡潔高貴風格，多用格子（Tartan）或北歐式幾何印花、粗花呢（Tweed）等布料，舒適自然。
4. 除了時裝，香奈兒在1922年推出著名的CHANEL No.5香水。CHANEL No.5香水瓶設計具裝飾藝術的方形玻璃瓶。CHANEL No.5是史上第一瓶以設計師命名的香水，「雙C」標誌香水成為香奈兒史上最賺錢的產品；至今在香奈兒的官方網站CHANEL No.5香水依然是重點推介產品。
5. 香奈兒逝世後，1983年起由設計天才卡爾・拉格菲（Karl Lagerfeld）接班。自1983年起，一直擔任CHANEL的總設計師，將CHANEL的時裝推向另一個高峰。卡爾・拉格菲有著自由、任意與輕鬆的設計風格，總能將兩種對立的藝術品特質融合在設

計，既奔放又端莊，既有法國人的浪漫、詼諧，又有德國式的嚴謹、精緻。卡爾·拉格菲沒有不變的造型線與偏愛的色彩，但從其設計中自始至終都能領會到CHANEL的經典內涵。

6.CHANEL品牌創立一百年以來，從未設計製作男裝，直至2005/2006的秋冬系列才推出幾件男裝上市。

◆品牌行銷策略

CHANEL以女性消費者的需求角度研究產品，使產品獲得消費者廣大的迴響與青睞。CHANEL產品行銷市場廣泛，販賣的商品多元。

CHANEL採用具差異性的品牌定位方式，以及與新時尚市場發展的人才需求結合。將品牌與市場需求結合設計商品組合，以及行銷中的4P和STP行銷手法與設計結合的方式，發展多元的行銷策略。

1.品牌定位：大多以女性商品為主；CHANEL品牌對「服飾」、「珠寶」及「香水、化妝保養品」的三大部門，對消費的定位約在20～40歲左右的顧客。

2.行銷方式：

(1)藉由媒體傳播訊息、發表會等方式，建立消費者對於品牌認知，吸引不同國家的消費族群，將商品販賣的市場擴大到全世界。

(2)邀請大明星代言產品廣告，加乘廣告成效。

(3)透過品牌知名度，擴大消費族群。

(4)堅持品牌風格，例如堅持只和CHANEL競爭，若CHANEL做法與其他品牌相同，則失去CHANEL的品牌風格與特色。

(5)建立品牌忠誠度，例如CHANEL產品品質與專賣店的規劃、銷售人員的專業及親切的服務態度、形象傳達及媒體展露，這些管理方式的連結，對於CHANEL的產品，有提升附加價值的作用，能建立品牌的忠誠度。

(6)善用賦予故事性的行銷手法，形塑品牌聯想。例如在1996

年「傾城之魅」（Allure）上市之前，對於原有的四支女性香水，包括N.5、N.19、Coco、Cristalle等，不斷藉著聞香、賦予故事性等各種市場行銷方式，吸引消費者注意。1997年4月，當代普普藝術大師安迪・沃荷（Andy Warhol）為CHANEL No.5香水設計的包裝盒，推出經典珍藏版。女星瑪麗蓮夢露都曾為這瓶香水背書：「CHANEL No.5香水是她入睡時僅有的外衣。」簡單的一句表白，為CHANEL No.5香水更添想像空間。

(7)擬定展店策略，例如CHANEL展店是以旗艦店、精品店及專櫃模式設立。店面風格採精緻高貴、質感、奢華路線；因此，店面只設立在高級百貨公司專櫃或精品店，凸顯CHANEL的質感。CHANEL展店不須太考慮勘查地理位置、人口因素，只要百貨公司或精品店的地點好、附近消費能力高、值得投資，便是展店原則。

◆品牌經營

1.經營策略：

(1)願景設定，創造品牌差異化的基礎。

(2)設計人員的選用，對於品牌精神及價值，都有很重要的影響。可可・香奈兒及卡爾・拉格斐懂得賞識身邊有才華的年輕人。他們自全世界各設計學院畢業的高材生中尋找人才，為CHANEL增添創意。

(3)產品品質與專賣店的規劃、銷售人員的專業及親切的服務態度、形象傳達及媒體展露，這些管理方式的連結，對於CHANEL產品，提升附加價值。例如全球數百間以CHANEL為名的專賣店規劃，依然秉持著協調與極簡的傳統風格，讓產品與顧客自在地悠遊其間。CHANEL的專業人員傳達創辦者可可・香奈兒追求完美的特質，並擁有親切貼心的服務態度。

2.累積品牌資產：CHANEL累積品牌資產的方法是採用具差異性

的品牌定位方式，掌握市場與時尚結合的人才，並結合品牌與市場需求設計商品組合，以及行銷與設計結合的方式，發展全方位的行銷工作。

3. 掌握顧客心理：CHANEL不只在產品功能或利益上用心，同時重視產品感性層面的包裝。例如：CHANEL精品店，讓顧客享受輕鬆舒適的購物試裝環境。CHANEL成功秘訣不只販售產品，並分享時尚生活美學。

4. 高明行銷手法：可可‧香奈兒穿戴自己服飾，邀請家人、朋友及當代名模代言產品，並在試衣間噴上No.5香水，將香水贈送給最珍惜的顧客。卡爾‧拉格斐則是自己拍攝CHANEL的服裝造型，親自為所有的時裝發表會設計並掌鏡，同時扮演首席設計師與發言人的角色。

◆ 品牌價值

1. CHANEL剛開始是一間只賣女士頭飾的小商店，在一年內搬遷至康朋街。小店的輝煌來自1921年5月，當香水創作師恩尼斯‧博（Ernest Beaux）呈現給香奈兒多重的香水選擇，香奈兒幾乎毫無猶豫的選出第五款，之後成為CHANEL No.5香水。還有廣受歡迎的CHANEL套裝，CHANEL套裝經典設計特色包括及膝短裙與幹練短上裝，傳統上以毛線織成、黑色裁邊與金色鈕釦、搭配大串珍珠項鍊等。

2. 可可‧香奈兒一連串的創作為現代時裝史帶來重大革命。

3. 可可‧香奈兒於1971年去世，工作到88歲，可可‧香奈兒的故事留給後人永不褪色的傳奇。

4. 德國設計師卡爾‧拉格斐在1983年開始接任CHANEL設計大權，將CHANEL時裝推向另一個高峰。

5. CHANEL品牌創立超過一百年，從未製造過一件男裝，直至2005/2006的秋冬系列推出幾件男裝上市。

6. CHANEL品牌成為法國時裝史上最光榮的代表。

↑妮可‧基嫚擔任CHANEL No.5香水廣告代言

資料來源：https://fgblog.fashionguide.com.tw/102/posts/7003 (2018.06.29)

↗CHANEL廣告喜歡以樓梯為拍攝背景

資料來源：https://fgblog.fashionguide.com.tw/102/posts/7003 (2018.06.29)

(二)「金色」迪奧（Dior）

法國的跨國奢侈品品牌克里斯汀‧迪奧（Christian Dior），簡稱迪奧（Dior）或CD，總部位於巴黎；迪奧品牌一直是華麗女裝的代名詞。「Dior」在法語中是「上帝」（Dieu）和「金子」（Or）的組合；金色後來也成為迪奧品牌最常見的代表色。

◆品牌創立年代

由法國時裝設計師克里斯汀‧迪奧於1946年創立。

◆設計風格

Dior選用高檔的上乘面料，例如綢緞、傳統大衣呢、精紡羊毛、塔夫綢、華麗的刺繡品等，做工以精細見長。Dior主要經營時裝、首飾、香水、化妝品、童裝等高檔商品。

大V領的卡馬萊晚禮裙，多層次兼可自由搭配的皮草等，均出自

於天才設計大師迪奧之手，其優雅的窄長裙，使穿著者能步履自如，展現優雅與實用的完美結合。

◆品牌行銷策略

Dior品牌就是產品的靈魂，以追求創新的思維、高雅的設計與科技研發為理念，堅持使用上等材料呈現獨特的品牌風格。Dior品牌代表可靠的品質、形象與售價，經適當的行銷與營造，觸發消費者心中強烈的共鳴。

1.品牌定位：Dior以採取高價位的方式販售產品，提升品牌價值；Dior品牌一直是華麗女裝的代名詞。

2.行銷方式：

(1)創新思維：克里斯汀‧迪奧以不斷創造不同面貌的Dior產品，促使Dior品牌成功。

(2)產品線多元：Dior擁有種類廣泛的產品，除了有服飾和香水產品外，持續創造新產品包含珠寶配件、手錶、眼鏡、鞋子、化妝品和保養品等。護膚保養方面，不斷研發，維持優良品質，以保養品為例，有抗老化、美白、基礎保養和針對問題肌膚的保養品，讓顧客使用更好的產品。

(3)善用品牌知名度及信任度：Dior最初只生產時裝，但因應社會龐大的需求及個人意願，繼而生產化妝品、童裝、眼鏡及香水等各式的產品，利用品牌本身的知名度及信任度，吸引大眾對於多元化的產品線引發更多的興趣；例如男裝品牌現已獨立為「迪奧男裝」（Dior Homme）。

(4)維護品牌形象：Dior擁有良好信用及品質的品牌形象，邀請明星代言人將品牌印象深植人心；例如Dior曾找凱特‧溫絲蕾（Kate Winslet）、莎麗‧賽隆（Charlize Theron）、蘇菲‧瑪索（Sophie Marceau）等明星代言。

(5)擴展投資版圖：Dior為全球最大的奢侈品公司LVMH的最大股東，握有LVMH總共42.38%的普通股及59.3%的表決權

（Voting Interest）。

◆品牌價值

1.Dior品牌就是產品的靈魂，代表可靠的品質、形象與售價。

2.追求創新的思維，建立Dior產品線多元。

3.Dior不但使巴黎在第二次世界大戰後恢復時尚中心的地位，並栽培皮爾‧卡登、伊夫‧聖羅蘭兩位知名設計大師。

◆Dior品牌故事

1957年後，Dior仍是華麗優雅的代名詞。第二代設計師伊夫‧聖羅蘭在1959年將Dior推向莫斯科，並推出Dior的新系列苗條系列。第三代繼承人馬克‧博昂，首創「迪奧小姐系列」，延續Dior品牌的精神風格，並將其發揚光大。第五代設計師約翰‧加利亞諾（John Galliano）擔任Dior首席設計師期間，令時尚界驚嘆其無與倫比的藝術才華，稱約翰‧加利亞諾為鬼才，以及為無可救藥的浪漫主義大師。2011年秋冬約翰‧加利亞諾被開除，「2012 Fall Winter Haute Couture」改由拉夫‧西蒙（Raf Simons）擔任品牌首席設計師。在秀場外，約翰‧加利亞諾的支持者打出「王者已逝」的標語，雖然沒有約翰‧加利亞諾的精彩謝幕，但是Dior於2011秋冬的服裝展再次證明這位大師的極致才華。

◆歷任創意總監

1946-1957　克里斯汀‧迪奧（Christian Dior）

1957-1960　伊夫‧聖羅蘭（Yves Saint Laurent）

1960-1989　馬克‧博昂（Marc Bohan）

1989-1997　奇安弗蘭科‧費雷（Gianfranco Ferré）

1997-2011　約翰‧加利亞諾（John Galliano）

2011-2012　比爾‧蓋登（Bill Gaytten）

2012-2015　拉夫‧西蒙（Raf Simons）

2016-　　　瑪莉亞‧嘉西亞‧基烏里（Maria Grazia Chiuri）

Dior之SWOT分析參考表

內部環境條件	
優勢（Strengths）	**弱勢（Weaknesses）**
· 自創品牌。 · 產品種類廣泛，例如服裝、化妝品、飾品、手錶、皮件、眼鏡和鞋子等多樣組合。 · 店面設計及網頁製作風格一致。 · 服務員訓練有素。 · 產品風格結合西方文化，不斷推陳出新。 · 專攻女性市場已久。 · 商品具特色。 · 具知名度，是目前開架品牌無法相較的。 · 保有固定女性市場的客源。	· 價格偏高。 · 近年環保人士抬頭，影響環保議題的商品，例如真皮製品、化學香料等。 · 近年市場嘗試擺脫較成熟產品印象，仍在轉型階段。 · 與其他品牌有許多共通點，例如專供女性市場，販賣商品也是全方位，由於女性市場極大，目前仍有極大的發展空間，因此有許多知名品牌及開架品牌也在競爭當中。 · 開架品牌更是不可忽視的黑馬，由於現在年輕族群頗多，Dior又是屬於較高價位專櫃商品，許多年輕人會選用開架式有名的品牌。
外部環境條件	
機會（Opportunities）	**威脅（Threats）**
· 國際性歷史背景豐富。 · 亞洲市場需求量高。 · 市場超過一百五十個國家，超過兩千多個銷售地點。	· 主要以GUCCI、PRADA、CHANEL三種品牌為主要競爭對手。 · 開架式品牌也是競爭威脅。

奧斯卡影后莎麗‧賽隆為Dior經典香水「真我」（J'adore）代言

資料來源：http://www.ras-almamzar.com/images/christiandiorrasalmamzar.jpg (2018.06.29)

伍、時尚品牌行銷

(三)「紅色」瓦倫蒂諾（VALENTINO）

義大利品牌VALENTINO融合義大利手工藝與現代美感，演繹全新時尚魅力；是豪華、奢侈的生活方式象徵，極受追求完美的名流忠愛。

◆品牌創立年代

創始人瓦倫蒂諾‧加拉瓦尼（Valentino Garavani）於1960年在羅馬成立VALENTINO公司。

◆設計風格

1.富麗華貴、美艷灼人是VALENTINO品牌的特色。VALENTINO喜歡用最純的顏色，鮮艷的紅色是VALENTINO的標準色。

2.VALENTINO做工十分考究，從整體到每個小細節都處理得盡善盡美。

3.VALENTINO精美絕倫的剪裁，高級進口的面料與華貴奢侈的風格，黑色加上金色的刺繡，透出縷縷神祕的含蓄美。

4.VALENTINO服裝展現女性化、充滿人性與細緻；貼身的線條配上貼身的針腳、裙長不過膝，突顯身材；晚禮服的長褲寬大的流線，顯現女性嫵媚的韻味。

5.VALENTINO的設計重點包括露肚低腰褲、裙，和搭配半長褲子的恰恰裝，以及綴上泡泡細綢布的緊身短褲等。

◆品牌行銷策略

1.品牌定位：品牌傳達想象與典雅，現代性與永恆之美。旗下品牌包括Valentino、Valentino Garavani、RED Valentino等，各有其特色。

　(1)Valentino：融合義大利手工藝與現代美感，演繹全新時尚魅力；產品包括「高級訂製服」及「高級成衣」。「Valentino

高級訂製」提供多種具特色的款式，由享有盛譽的羅馬製衣工坊，大約四十人的團隊以手工縫製。「Valentino高級成衣」提供灑脫自成一格的男女服裝，適宜年輕優雅而不拘傳統的時尚族群。

(2)Valentino Garavani：以Valentino Garavani命名的男女配飾系列包括手袋、皮鞋、小型皮具、腰帶及手飾。高級訂製服的設計細節及精美配飾，多數為手工創作；將花卉圖案、蝴蝶結和蕾絲重新詮釋成為經典元素，展現更優雅精緻具現代感的Valentino配飾。

(3)RED Valentino：產品充滿童話時尚元素、精美無匹的用料、優雅的潤飾，成就現代式的童話故事。RED Valentino設立超過一百個銷售地點，包括日本東京、法國坎城、義大利羅馬及米蘭的旗艦店等。

2.行銷方式：

(1)宮廷美學：應用精美用料與精緻手工，打造華麗美的生活概念，展現古羅馬宮廷的富麗堂皇。

(2)符號美學「V logo」：首創以字母組合作為裝飾元素。最典型的是1968年的「白色系列」，從此「V」出現在時裝、飾品與帶扣上。

(3)男女裝通吃：1970與1980年代，瓦倫蒂諾‧加拉瓦尼成為同時推出男式與女式成衣的首位高級時裝設計師。

(4)大型活動參與：1984年義大利國家奧林匹克委員會委託瓦倫蒂諾‧加拉瓦尼為參加洛杉磯奧運會的運動員設計正式制服。2002年2月24日，在全球直播的鹽湖城冬季奧運會閉幕儀式上，瓦倫蒂諾‧加拉瓦尼代表義大利出席。

(5)企業形象建立：1990年2月，瓦倫蒂諾‧加拉瓦尼與長期夥伴吉安卡洛‧吉安梅帝（Giancarlo Giammetti）與資助人伊莉莎貝斯‧泰勒（Elizabeth Tayor）共同設立L.I.F.E.，是幫助愛滋病兒童的非營利性機構。

(6)明星代言：2001年3月，茱莉亞‧羅伯茨穿著VALENTINO的
古董裙出席奧斯卡頒獎禮，領取奧斯卡最佳女主角獎，驚豔
全場，世界各地電視臺、報章與雜誌爭相報導，成為世界焦
點。2005年2月，凱特‧布蘭琪以《娛樂大享》，一片榮獲奧
斯卡最佳女配角時，便穿著瓦倫蒂諾‧加拉瓦尼為其量身訂
製的黃色長裙，艷光四射。2005年金球獎頒獎禮，荷莉‧貝
瑞穿著的米色雪紡裙、娜歐蜜‧華茲的白色絲裙、克萊兒‧
丹妮絲的紫色絲裙，以及派翠西亞‧艾奎特的紅色裙，均出
自瓦倫蒂諾設計。

(7)會員制消費模式：以會員制消費模式全力滿足追求品質、品
味生活的各界精英需求。

(8)集團上市：2005年成立「Valentino Fashion Group」（瓦倫蒂
諾時尚集團），瓦倫蒂諾‧加拉瓦尼的名字終於出現在股票
市場。

◆品牌價值

1.VALENTINO是豪華、奢侈生活方式的象徵，以考究的工藝與經
典的設計風格，引導著貴族生活的優雅，演繹著豪華、奢侈的
現代生活方式，極受追求完美的名流鍾愛。

2.瓦倫蒂諾‧加拉瓦尼是時裝史上公認的最重要的設計師和革新
者之一，被譽為義大利流行界的天王。

3.瓦倫蒂諾‧格拉瓦尼登除了女裝與男裝的設計外，1969年起，
相繼開發推出香水、皮鞋、太陽眼鏡、室內裝飾用紡織品、禮
品、隨身皮件、打火機、煙具等系列產品，總數計五十八項，
經銷網遍及世界各大城市。

4.瓦倫蒂諾‧格拉瓦尼以智慧為創造豐厚的物質財富。

鮮艷的紅色是VALENTINO的標準色

資料來源：https://www.google.com.tw/search?q=%E7%93%A6%E5%80%AB%E8
%92%82%E8%AB%BE(VALENTINO)%E7%B4%85%E8%89%B2%E7%A6%AE
%E6%9C%8D+%E7%85%A7%E7%89%87&tbm=isch&tbo=u&source=univ&sa=X
&ved=2ahUKEwjJifLegszdAhUDh7wKHYfACqcQsAR6BAgGEAE&biw=1301&b
ih=619#imgrc=2rbQj1XPatE0JM:&spf=1537530333366 (2018.06.29)

(四)「時髦王國」普拉達（PRADA）

PRADA已行銷全球，時裝迷對其如癡如醉。PRADA集團成為歐洲的時裝巨擘，與GUCCI集團、LVMH集團等齊名。

◆品牌創立年代

創立人馬里奧·普拉達（Mario Prada）1913年在義大利米蘭市中心創立第一家精品店。

◆設計風格

產品主要原材料包括皮革、布料、紗線；其採購的鞣製皮革，是以小牛、綿羊、山羊、鹿皮製成，並採用合乎國際法規前提下之受保護動物的外皮。PRADA設計特色為元素的組合恰到好處，精細與粗糙、天然與人造，不同質材、肌理的面料統一於自然的色彩中，藝術氣質極濃。PRADA衍縫或鉤編的服裝、羊皮夾克、木屐、長統靴等，不那麼講究材料的處理，而是強調製作的精湛技藝。1970年

代，PRADA率先推出尼龍面料手提袋，質輕又而用，配上皮飾或流蘇，與金屬材質的「PRADA」標牌成為沿用至今的風格標識。PRADA的用料大多很別緻，例如斑點圖案的絲質雨衣、雙面喀什米爾（Cashmere）外套、貂皮飾邊的尼龍風雪衣等，具有高級女裝用料特色。1982年推出第一個女裝鞋履系列產品。

◆品牌行銷策略

1.品牌定位：以設計製作與售賣皮件、服裝、手袋、行李箱、內衣、短褲與鞋履為主，成為完整的精品王國，版圖拓展到全世界。

(1)PRADA

當奢華的裝飾主義來勢洶洶時，PRADA忽然180度還原基本步，變得簡潔及回到以前的斯文學生面貌，展現反潮流與反高潮感。繆西亞‧普拉達（Miuccia Prada）稱PRADA 2000年春夏系列為「時裝ABC」，因為繆西亞‧普拉達要將衣櫥裡的常青基本衣服——毛衣、恤衫、簡潔的打褶裙、直筒裙與絲巾，重新發揚光大，散發1970年代斯文學生與空姐風的打扮，展現真誠之美，即繆西亞‧普拉達強調的「這是唯一可能的事物，典雅、好女人、非常時髦」。

(2)Miu Miu

屬於PRADA唯一的年輕副線品牌，以設計師繆西亞‧普拉達的小名Miu Miu命名，設計風格如同小女孩般可愛。繆西亞‧普拉達以小女人（Child Women）面貌，盡情發揮其童心未泯的真個性，作品也變得更有趣。

1992年，Miu Miu曾推出二線年輕女裝系列，以求突破PRADA較成熟的風格。隨之推出秋冬運動服，以及橡筋扣設計、拉鏈外套、氣墊長靴引領風潮；另外亦有女性化的蝴蝶胸管（Tubetop）與花邊裙及緄邊長裙校園風；造型比主線PRADA更多元化。

2.行銷方式：

(1)創造全新市場的產品：2007年3月PRADA Phone by LG手機在歐洲（義大利、英國、法國及德國）及5月在亞洲主要國家首次亮相。延續一貫的高貴氣質，搭配羊皮及鹿皮，予人更大方時尚感。由於反應熱烈，此手機其後在歐洲其他國家、亞洲及拉丁美洲國家陸續推出。

(2)驚喜無限：以製造優質皮具起家的PRADA，1980年代推出的降落傘背囊開始，到1990年代誕生的二線系列Miu Miu，再到Prada Sport，產品風靡全球。繆西亞·普拉達的創作天分突破由來已久只侷限於高貴格調的義大利時裝，無窮想像加創新用料，每季的PRADA總有意外驚喜；例如女裝充滿豐富色彩裝系列，趕走非黑即白的世界。

PRADA大力開發皮包的流行款式，例如小型購物提包，繽紛多彩的顏色，以及容易保養的帆布質材，引爆另一波提包流行。在鞋子系列，PRADA設計的款式都是鞋類流行的領導指針；例如方形的楦頭、楔型鞋跟、金屬色娃娃鞋等，都是PRADA引領的風潮。

(3)既有產品的改良：PRADA非常擅長將既有產品改良為新產品，大概有80％的產品都屬於既有產品的改良，每年都推出新產品。

(4)重新定位：例如產品本來是訂在高價位，專門提供很有錢的人使用，而現在重新定義目標族群，改走較低價路線。

(5)符號美學：PRADA集團於1980年設計推出「三角形」PRADA標識。

(6)公司合併：1990年7月在義大利成立為有限公司；2003年以創立合併方式與集團旗下其他公司合併後成為股份有限公司，並採現有名稱。集團透過PRADA、Miu Miu、Church's、Car Shoe品牌設計、生產、推廣、銷售高級皮具用品、成衣、鞋履等方式經營。

(8)集團產品組合：分別為皮具50%、鞋履25%、成衣24%。旗下產品僅20%是自產（11家自設生產設施，10家位於義大利，1家位於英國），80%為委外代工；在480家外部委外代工生產商中，約390家位於義大利，其餘分布在中國大陸、越南、土耳其、羅馬尼亞等國家。

(9)特許協議：透過「特許協議」（Concession Agreement）[9]提供眼鏡及香水。

◆品牌故事

1. 第一代完美品質要求——馬里奧・普拉達

20世紀初，美洲與歐洲之間的交通頻繁，創立人馬里奧・普拉達決定設計生產系列針對旅行使用的皮具產品，於米蘭成立品牌。

馬里奧・普拉達在米蘭開設兩間精品店，販售自己的產品。最初的PRADA行李箱採用海象皮製造，重量不輕，不適合帶上飛機旅行。因此，馬里奧・普拉達改為採用輕便耐用的皮革製造行李箱，並研製防水布料，銷售到美國。在運輸工具尚稱不上便捷的當時，為要求最好的品質，馬里奧・普拉達堅持向英國進口純銀，向中國進口最好的魚皮，從波希米亞運來水晶，甚至將親自設計皮具交給以嚴控品質著稱的德國生產，可見其追求完美的態度。在1920、1930年代，PRADA非常受到歐洲的王公貴族們喜愛。

2. 失去競爭力的第二代傳承——露易莎・普拉達

1958年創業者馬里奧・普拉達過世後，PRADA便進入漫長的低迷時期。馬里奧・普拉達的女兒露易莎・普拉達（Louisa Prada）維持著PRADA的傳統，設計保守不思進取，予人夕陽西下感覺；加上PRADA的奢華商品已不再那麼受歡迎，面對強大的對手如HERMÈS、GUCCI的競爭，PRADA面臨破產。

3. 第三代新紀元的第三道曙光——繆西亞・普拉達

直至1978年，繆西亞‧普拉達接管PRADA是十分關鍵的時期，當時的PRADA頗顯陳舊，在傳統的名義下正襟危坐；繆西亞‧普拉達將「傳統與現代的融合」為奮鬥目標。繆西亞‧普拉達創作天分與時尚靈感，加上其實幹派丈夫帕瑞奇歐‧貝特立（Patrizio Bertelli）的管理才能，終於將陷入低谷的家族生意發揚光大，奠定今日的PRADA形象。今日的PRADA，很少看到高級的珠寶、皮革、奢華的商品，也是從這時候的改革開始。PRADA真正成為流行先鋒，成為影響歐洲乃至全世界潮流動向的時尚品牌。

◆品牌價值

1. 自1970年代末期，繆西亞‧普拉達接手掌管PRADA後，開始參與少許的服裝設計；一直到1980年代末期，PRADA仍是專門出產皮件的義大利品牌。但在1990年代的「崇尚極簡」風潮中，繆西亞‧普拉達所擅長的簡潔、冷靜設計風格成為服裝的主流；因此，經常以「制服」為發靈感的PRADA，所設計的服裝成為極簡時尚的代表符號之一。

2. 繆西亞‧普拉達將PRADA最聞名的手提包之材料，從皮件轉成尼龍。這樣創舉，兼具時髦與輕便休閒的特性，博得大眾的愛戴。這一次的成功，也將PRADA再度帶到高峰。而尼龍包包上的三角型金屬標誌，開始成為PRADA最廣為人知的Logo。

3. 繆西亞‧普拉達推出運動服，貫穿「自己想穿」的精神。製作設計時髦、可以適應戶外運動的真正運動服，繆西亞‧普拉達與生產一流原料的廠家合作，選擇最高級的面料。運動服包括室外運動服、襯衫及鞋、包袋、帽子等商品，顏色以黑、白、灰等單色為主，增加紅色為插入色，形成PRADA獨特的用色。

4. 百年精品王國PRADA品牌，秉持精緻的一貫作風，展現PRADA成熟莊重又非常典雅的風韻。

5. 2008年推出系列奧運產品。

6.建立PRADA全球範圍的產品分銷管道及批量生產系統，巧妙地將PRADA傳統的品牌理念與現代化的先進技術完美結合。

7.來自全球不同城市的設計師，很多都是PRADA皮件的愛用者；例如紐約服裝設計師多娜‧凱倫（Donna Karen）也背著黑色尼龍布系列的PRADA包包出門。

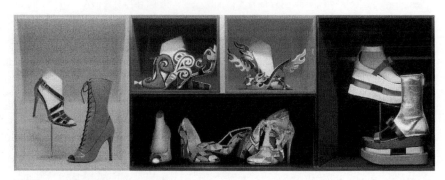

PRADA品牌鞋履化身藝術創作

資料來源：https://www.wazaiii.com/articles?id=809 (2018.06.29)

(五)「中性典雅時尚」喬治‧亞曼尼（GIORGIO AR-MANI）

GIORGIO ARMANI是義大利時裝及高級消費品公司，在美國是銷量最大的歐洲設計師品牌，以使用新型面料及優良製作聞名。時尚界描述，巴黎時裝華麗高貴、米蘭時裝瀟灑帥氣，而義大利的時裝則以簡潔大方的亞曼尼（ARMANI）為代表。

◆品牌創立年代

由知名義大利設計師喬治‧亞曼尼於1975年創立。

◆設計風格

1.喬治‧亞曼尼從傳統的上衣悟出新概念，設計出創新、簡潔，可以讓頭髮自然擺放的便裝上衣，喬治‧亞曼尼的設計無論是

男裝、女裝，都是以夾克為原點出發；1974年完成時裝發表會後，「夾克衫之王」的稱號不脛而走。

2.喬治‧亞曼尼在選材方面獨樹一幟，早在1973年的設計，喬治‧亞曼尼便將皮革當作日常材料使用的新理念。亞麻、斜紋軟呢等都是喬治‧亞曼尼所偏愛的材料；由於對材料的質地及表現效果的深入揣摩，喬治‧亞曼尼服裝的裝飾往往來自材料本身，例如薄紗上的金銀刺繡及具有濃郁亞非民族特色的傳統裝飾。

3.本著世界均衡的觀念，設計師大量運用黑、灰、深藍，以及獨創介於淡茶色與灰色之間的生絲色，被人稱作「以中性顏色的基調在工業社會所需求的新穎與傳統的經典之間取得狡猾的平衡」。

4.GIORGIO ARMANI的設計融合高雅與柔和，靈感來源於未來，其女裝設計大膽地男性化；當穿著喬治‧亞曼尼中性風格的服裝時，能凸顯自己相當地出色。

5.喬治‧亞曼尼創新性地將男性上衣過於硬朗剛毅的外觀完全改變，義大利式的休閒上裝、長款的柔軟無領夾克，已經伴著雅皮（Yappie）[10]的封號進入主流男性意識。在女裝設計中，暗色布料與細節處纖柔的設計相互融合，端莊而不失雅致。

6.喬治‧亞曼尼設計風格既不潮流亦非傳統，而是二者之間協調地結合，其服裝似乎很少與時髦兩字有關。在每個季節，喬治‧亞曼尼都調整一些適當可理解的修改，喬治‧亞曼尼相信服裝的品質更甚於款式更新。

◆品牌行銷

1.品牌定位：

(1)GIORGIO ARMANI的系列品牌都定位在柔和、非結構性款式，玩弄層次及色彩，經常調整比例。

(2)目前集團旗下的產品類別包括男女服裝、配件、手錶、眼

鏡、首飾、香水及化妝品、家居用品,甚至包括飯店、餐廳。在臺灣由嘉裕西服於2004年9月取得代理權。

(3)GIORGIO ARMANI服裝系列分成主要兩大部分,以布標顏色,分辨兩大系列。

- Giorgio Armani Boronuovo:包括男女服裝,屬於較正式路線,布標是「黑底白字」(黑標)。

- Giorgio Armani Collezioni:包括男女裝,適合一般大眾於一般場合穿著的服裝,布標為「白底黑字」(白標)。喬治・亞曼尼的副牌很多是以「老鷹」為標誌的Emporio Armani男女裝。

(4)GIORGIO ARMANI目前旗下主要有五個服裝品牌:Giorgio Armani(GA)是專門針對上層社會的主打品牌;而Emporio Armani(EA)、Armani Collezioni、Armani Jeans及Mani屬於大眾品牌;以及A|X Armani Exchange屬於快時尚品牌。

- Emporio Armani:以摩登的現代風格為主,承襲GIORGIO ARMANI一貫的優雅與簡約自然,在每一季注入更多前衛與都會流行元素。GIORGIO ARMANI會將旗下設計團隊最新研發的材料與設計趨勢應用在每一季的GA跟EA這兩個主品牌上。服裝色彩以黑、白、紅及灰為主,非常有現代感,充分顯出個性化的感覺。喬治・亞曼尼是倡導女裝中性風格的設計師,較樸素搭配與貼身的中性化剪裁,展現出女性身上率性的一面。

- Armani Collezioni:以較年長的職場服裝為主要風格,目標風格客群在商務人士及上班族,不同於GA以及EA只在自己的精品店銷售,Armani Collezioni的主要銷售通路為各大百貨公司,也是ARMANI旗下銷售通路最廣的服飾系列之一。Armani Collezioni在設計與剪裁上都相當保守,不同於GA跟EA每一季在歐洲最新流行趨勢設計出較為合身及多變的風格。

- Armani Jeans：是GIORGIO ARMANI旗下以牛仔服為主打的副線品牌，針對的消費群體主要是年輕時尚的潮流一族，其設計風格在繼承GIORGIO ARMANI的簡約高貴的同時，彰顯大氣的瀟灑休閒風，追求在繁雜都市生活中尋求自我與個性獨立。
- Mani：是GIORGIO ARMANI旗下的女裝品牌，商品主要在百貨公司精品店販售。
- AIX Armani Exchange：1991年於美國紐約推出，主打生活時尚與性感的個人風格，設計靈感源自於街頭與流行舞曲文化，目標在於創造平易近人的GIORGIO ARMANI品牌。

在Armani Exchange的服飾及飾品中，喬治‧亞曼尼以性感與獨特風格詮釋休閒與簡約；因此在AIX時常可見到年輕、都會且性感的設計，不僅是AIX的特色也是品牌的精神。目前Armani Exchange在全球已有超過200間的店面，持續積極地拓展時尚版圖。

2.行銷方式：

(1)掌握國際潮流：GIORGIO ARMANI系列品牌掌握國際潮流，創造富有審美情趣的男裝、女裝；同時以使用新型面料及優良製作聞名。

(2)中性風格典雅時尚符合市場需求：不同於大多數長期經營的時裝設計師，追溯喬治‧亞曼尼的經營歷史，很少有可笑的或非常過時的設計。喬治‧亞曼尼能夠在市場需求與典雅時尚間創造近乎完美、令人驚歎的平衡。

(3)與競爭者區隔：時裝界在義大利兩位著名的設計師間存在著激烈競爭。吉安尼‧凡賽斯素以設計的性感服裝、一貫的個人生活方式著稱，因其意外的死亡為世人矚目。相對於凡賽斯的性感風格，喬治‧亞曼尼設計秉持禪學的理念與中性風格。當凡賽斯在1980年代和1990年代初期帶動頂級模特的品牌效應時，喬治‧亞曼尼卻從不在表演中僱用明星模特兒。

(4)可配套性商品：喬治‧亞曼尼的服裝擁有豪華的高品質的面料，每件都是精品，儘管昂貴，卻具獨特魅力而非過分誇張；廣泛的可配套性、單品組合成為品牌特性。

(5)客層區隔：ARMANI旗下不同品牌根據不同市場與目標客層設定。其中每年在米蘭時裝週登場的只有Giorgio Armani（GA）與Emporio Armani（EA）兩個品牌，主要由喬治‧亞曼尼本人及旗下設計團隊直接負責每季的設計及主題走向；其餘的ARMANI品牌則是走較商業成衣及實穿的風格，讓消費者都能擁有ARMANI風格的服飾。同時Giorgio Armani與Emporio Armani的服飾只有在其精品店與官網才能購買；Armani Collezioni、Mani及Armani Jeans則以百貨公司賣場為主要銷售通道，目標面向普羅大眾。

(6)拓展新消費族群與市場：為擴大客戶群，滿足大眾對設計師品牌的需求，推出稍便宜的女裝系列，例如Mani商標系列，使用最新技術合成纖維的面料，難以仿製。此外，Emporio Armani推出便裝及運動衫；女裝款式推出簡單的潘彼得領的女套衫，搭配裙及手工縫製的褲。GIORGIO ARMANI旗下有幾個重要品牌，包括最頂級黑標的Giorgio Armani，是專門針對上層社會富人階級的主打品牌；其次是白標的Armani Collezioni；另外Emporio Armani、Armani Jeans及Mani，則是以一般消費者為服務的大眾品牌。

GIORGIO ARMANI讓所有人都有機會穿上喬治‧亞曼尼設計的服裝策略下，各種副牌誕生，包括童裝與家具設計；以及2011年，喬治‧亞曼尼應邀設計一款賓士車。

(7)打造快時尚品牌「AǀX Armani Exchange」：GIORGIO ARMANI集團和Como Holdings Inc.控股公司在2005年簽下合作協議，合資成立了AǀX Armani Exchange的控股公司Presidio Holdings Ltd.。2008年，GIORGIO ARMANI集團對該品牌控股公司的控股達到50%。2014年5月15日，GIORGIO ARMANI完

成對AIX Armani Exchange剩餘50%股份的收購，實現對該品牌的100%控股。GIORGIO ARMANI計畫把AIX Armani Exchange打造成第一個義大利快時尚品牌，目標顧客為追崇ARMANI的年輕人。

(8)善用授權制度：GIORGIO ARMANI善用授權制度（設計家把名字租給生產其他產品的廠商），將善用授權制度王國推向極致。除了服飾外，ARMANI擁有家飾、花卉、書店、巧克力、化妝品、香水、腳踏車、飯店、餐廳等商品。

◆品牌價值

1.打破性別藩籬的中性化穿衣時尚是喬治‧亞曼尼的特色。

2.喬治‧亞曼尼的設計簡單俐落、優雅的氣質襯托職業女性的灑脫與自信；尤其在美國的職業婦女，均以喬治‧亞曼尼的設計風格為自己理性的穿著方式。

3.GIORGIO ARMANI的產品時尚、高貴、精緻、中性化，充分展現都市人簡潔、優雅、自信個性，故此深受理查‧基爾（Richard Gere）、華倫‧比提（Warren Beatty）與莎朗‧史東（Sharon Stone）等世界超級巨星的青睞。

4.GIORGIO ARMANI皮具繼承其在服裝設計上的優良品質，並展現人性化、精緻的設計風格；皮具系列包括公事包、男女皮包、手袋、銀包、旅行箱包、皮帶等十餘個產品系列，受到成功人士及都市時尚圈認同。

5.喬治‧亞曼尼是好萊塢影星迷戀的設計師，甚至美國前總統比爾‧柯林頓（Bill Clinton）、比爾‧蓋茲（Bill Gate）都是GIORGIO ARMANI的顧客。

6.喬治‧亞曼尼是時尚界傳奇人物，同名品牌代表事業有成與現代生活的象徵。曾獲內曼‧馬庫斯時尚獎、國際羊毛標誌大獎（International Woolmark Prize）、生活成就獎、美國國際設計師協會獎（The Council of Fashion Designers of America, Inc., CFDA）（1987）、庫蒂‧沙克獎等獎項。

↑2018 GIORGIO ARMANI秋季男裝

資料來源：https://www.xuehua.us/2018/06/21/%E3%80%90%E6%9C%8
D%E8%A3%85%E7%A8%BF%E3%80%91fall-2018-menswear-giorgio-
armani/zh-tw/ (2018.06.29)

↗亞曼尼杜拜飯店（Armani Hotel Dubai）

資料來源：https://www.agoda.com/zh-tw/armani-hotel-dubai/hotel/dubai-ae.
html?cid=-209 (2018.06.29)

(六)「時尚帝國」凡賽斯（VERSACE）

　　吉安尼‧凡賽斯公司（Gianni Versace S.p.A）是著名的義大利服裝
公司。

◆品牌創立年代

　　由吉安尼‧凡賽斯（Gianni Versace）於1978年創立。吉安尼‧凡
賽斯逝世後，公司由其妹多娜泰拉‧凡賽斯（Donatella Versace）接
手。

◆設計風格

　　吉安尼‧凡賽斯的設計風格鮮明，是獨特美感的先鋒藝術象徵。
作品以希臘神話的「蛇髮女妖梅杜莎」（Medusa）作為精神象徵，服
飾鮮豔色彩的靈感來自希臘、埃及、印度等古文明，以及充滿文藝復

興時期特色的華麗而豐富想像力的款式。這些款式,既有歌劇式的華麗,又充分考量穿著舒適性及恰當地顯示體型。

斜裁是VERSACE設計最珍貴的屬性,展現寶石般的色彩與流暢的線條;例如應用斜裁產生的不對稱領,以及採用高貴豪華布料,以斜裁方式在生硬的幾何線條與柔和的身體曲線間巧妙融合。

VERSACE品牌的男性服裝,以皮革纏繞的成衣創造大膽、雄偉,甚而有點放蕩的廓型;在尺寸上則略有寬鬆而感覺舒適,並使用斜裁及不對稱的技巧。寬肩膀、微妙的細部處理,暗示某種科學幻想,被稱為「未來派設計」。VERSACE品牌的女性服裝,套裝、裙子、大衣等都以線條為標誌,性感地表達女性的身體。

1980年代末,吉安尼·凡賽斯明豔華麗的巴洛克式的設計隨處可見;並為戲劇與芭蕾設計舞台服飾。此外,吉安尼·凡賽斯與妹妹多娜泰拉·凡賽斯共同設計副品牌「Versus」系列商品。

◆品牌行銷策略

1.品牌定位:吉安尼·凡賽斯的設計艷麗且狂放大膽,表露女性的性感魅力;豐富多元的產品線,也符合吉安尼·凡賽斯喜愛善變女人的特性。吉安尼·凡賽斯是一位多產的設計師;以品項分類的品牌包括男裝女裝的Gianni Versace Men & Lady's Couture、飾品的Versace Accessory、珠寶的Versace Jewels、Versace Home Singature的家飾品、Versace Occhiale的眼鏡、Versace Intensive的內衣、Jeans Couture的牛仔裝、運動裝等。以不同對象定位的副牌,則包括成熟女性的Istante、年輕男女的Versus、男裝的V2、Verry、小朋友的Young Versace。

2.行銷方式:

(1)多元產品線:在吉安尼·凡賽斯時期,VERSACE集團便擁有設計、生產、分銷及零售;產品包括高級訂製服、成衣系列、配飾、珠寶、腕錶、眼鏡、香水及家具等多元產品線。旗下阿迪利亞·凡賽斯(Atelier Versace)是高級訂製及專業

培養高級時裝模特兒的工作室。

(2)開拓新領域：多娜泰拉・凡賽斯（Donatella Versace）接任後，更積極開拓新領域，例如在2000年9月與澳洲著名發展商Sunland集團合作開設Palazzo Versace渡假村，成為首間由高級品牌開設的旅館；2006年先後與TAG集團與藍寶堅尼公司（Automobili Lamborghini S.p.A.）合作，推出私人飛機及跑車。接手的多娜泰拉・凡賽斯努力創造比吉安尼・凡賽斯在世時更多、更創新，且版圖更大的時尚帝國。

(3)品牌年輕化：多娜泰拉・凡賽斯接任後，為挽救下滑的業績進行改革，開始推動品牌年輕化，期望從年輕一代的生活中汲取更多的靈感，重新喚起品牌的激情與活力，讓VERSACE更具當下時代感的形象與意義。

(4)名模代言：2007年春夏的形象廣告，多娜泰拉・凡賽斯邀請凱特・摩絲（Kate Moss）、安琪拉・琳德沃（Angela Lindvall）、卡洛琳・莫菲（Carolyn Murphy）與卡門・凱絲（Carmen Kass）及道珍・克洛伊（Chloe）等五位超級名模代言；以「1980年代的女人們」主題向吉安尼・凡賽斯致敬，同時傳遞品牌回歸的新訊息，重新定義什麼是迷人、性感及真正的奢華。

◆品牌價值

1.所有產品分項與副牌的設計，可以在圖案或吊牌上看到「蛇髮女妖梅杜莎」頭像，這是VERSACE的經典品牌象徵。

2.1978年吉安尼・凡賽斯創設家族集團品牌，開始吉安尼・凡賽斯短暫卻絢爛的設計師生涯，打造出VERSACE帝國。1997年正當吉安尼・凡賽斯在時尚界當紅之際，卻傳出吉安尼・凡賽斯在自宅門前遭到槍殺的噩耗，消息震驚全球；此衝擊對集團而言更是震撼且突然。但是，吉安尼・凡賽斯生前早已欽點當時年僅11歲的姪女艾蕾格拉・貝克・凡賽斯（Allegra Beck

Versace），也是多娜泰拉・凡賽斯的女兒為接班人，讓艾蕾格拉・貝克・凡賽斯成為義大利最年輕的富婆。不過也有傳言指出，曾與吉安尼・凡賽斯交往過密的男友，其實就是艾蕾格拉・貝克・凡賽斯的爸爸；讓繼承權的內幕至今仍撲朔迷離，更有導演將此拍成電影。如此戲劇性的品牌故事，讓VERSACE始終是時尚界的注目焦點。

3.1982年秋冬女裝展，展示著名的金屬服裝，成為吉安尼・凡賽斯時裝的經典設計。

4.吉安尼・凡賽斯並經營香水、領帶、皮件、包袋、瓷器、玻璃器皿、羽絨製品、家具產品等，涉及領域相當廣泛。香水很早便是吉安尼・凡賽斯的重要業務之一。吉安尼・凡賽斯的第一款香水是1981年問世女用花香柏香型的香水，就叫「吉安尼・凡賽斯」（Gianni Versace），香水瓶被設計為鑽石形，菱形的底座，共有五十六個切面的瓶身。

吉安尼・凡賽斯服裝

資料來源：https://fashion.ettoday.net/news/808279 (2018.06.29)

(七)「馬文化、頂級精品」愛馬仕（HERMÈS）

HERMÈS是法國的公司，愛馬仕公司以此商標名稱立足於時尚品牌的領域。法國的拿破崙三世與俄國沙皇都成為HERMÈS的顧客。

◆品牌創立年代

　　愛馬仕公司是由希爾利‧愛馬仕（Thierry Hermès, 1801-1878）於1837年在巴黎創立的馬具製造公司。

◆設計風格

1.以精美的手工與奢侈、保守、尊貴的貴族式設計風格，立足於經典服飾品牌。整個品牌由整體到細節，以及專賣店環境氛圍，都瀰漫以「馬文化」為精神的深厚底蘊。

2.HERMÈS品牌所有的產品都選用最上乘的高級材料，注重工藝裝飾，細節精巧，以其優良的品質贏得良好信譽。

3.HERMÈS的皮包、絲巾、瓷器等，都不發代工，完全以手工進行小量生產，且自營工廠全在法國。例如一般絲巾以電腦繪圖、自動化生產，最多套十五色；HERMÈS絲巾卻以手工絹版套色，最多套四十二色；且絲巾車邊均以手工捲邊縫製，工序繁複。

4.HERMÈS並成立特別訂製部門，為客戶量身訂做皮件、水晶燈，甚至遊艇、居家室內設計等。

◆品牌行銷策略

　　HERMÈS認為，精品不像大眾產品，需要對上百萬的消費者做廣告；HERMÈS對行銷費用的策略，也不同於其他精品品牌；HERMÈS是完全走利基市場的精品。

1.品牌定位：

　　(1)頂級、神祕是HERMÈS予人的印象。HERMÈS是全球精品界中皮包平均單價最高、訂製比率最高，在二手市場比新品還貴的唯一品牌。HERMÈS靠著精準、獨特的市場定位，在不景氣中逆勢成長。

　　(2)HERMÈS雖然在精品界已具有舉足輕重的地位，成為饒富國

際視野的企業集團，仍保留以人為本及尊重傳統手藝技術的創業精神。

(3)愛馬仕集團旗下八十多家分、子公司，從事生產、批發、零售與物流管理，並構成HERMÈS體系的三個部分，即Hermès Sellier（皮革用品）、La Montre Hermès（手錶）及Hermès Parfums（香水）。

2.行銷方式：

(1)不找明星代言：有別於多數精品品牌將行銷費用花在辦秀、找明星代言與媒體廣告上；HERMÈS不找明星代言，而選擇舉辦年度主題活動或絲巾展覽等。將大眾媒體廣告費用降至最低，行銷費占營收僅6％。

(2)抓住頂級客戶：將行銷重點有效的圍繞著頂級客層服務，強調一對一的專屬服務與溝通過程，培養出VIP的忠誠度。頂級精品靠的是「口碑行銷」，口碑會在同一個社會階級中流傳；服務好一個VIP，會帶其他朋友來。例如愛馬仕臺灣分公司每年11月固定舉辦主題派對，並經常邀請VIP客人至巴黎參加賽馬會、安排頂級酒莊之旅、古堡住宿、鄉間騎腳踏車等特色行程。

(3)純手工訂製商品：抓準有錢人「不怕貴、只怕不特別」的心態，HERMÈS以訂做、客製化服務，打造獨特性；需長達三年以上的製作期，也能分散財務風險。

(4)著重員工專業服務素質：資源直接投資在客戶會接觸到的產品、門市、員工身上。

(5)感動員工的心：把心放在感動員工上，讓受訓員工體驗如何讓員工對VIP客戶用心？先從對員工用心開始。例如安排參觀博物館、植物園，甚至包下巴黎鐵塔上的餐廳，只為增進員工多元的生活體驗。第六代總裁派崔克・湯瑪士（Patrick Thomas）感性地說「如果無法感動員工，對客戶也不會起作用。先讓員工快樂，他們也會願意帶給客戶相同的感受，這

是HERMÈS領導這個大家庭的哲學！」

2006年起，HERMÈS展開「圓夢計畫」，蒐集全球七千名員工的旅行夢想，彙整出十五個可行計畫後，抽籤讓千名員工以全額補助的方式圓夢，利用一週時間，到俄國搭東方快車、柬埔寨住樹屋、秘魯馬丘比丘（Machu Picchu，其意為「古老的山」）看古文明遺址等。對員工用心，換來低流動率與高黏著度的認同感。除非展新店，HERMÈS很少有職缺，店員都是資深員工，與顧客交情動輒十年，加上見多識廣，能與頂級客戶交心。

(6)舉辦年度主題活動：1987年起，HERMÈS開始推行年度主題，並授權各區域市場自行設計系列活動。期待每家分店以在地的觀點與創意闡述年度主題，因為HERMÈS從來不說相同的故事，永遠要讓客人驚豔。例如2009年以「美麗的逃逸」（Beautiful Escape）為主題，法國愛馬仕總公司選在清晨三點，帶領記者到巴黎近郊的批發市場體驗主題精神，因為那裡聚集了來自世界各地的食材。2008年7月，HERMÈS在員工訓練後，請來百輛雪鐵龍的2CV古董車，接送四百位員工至郊外野餐，並安排骨董飛機展現飛行表演，別出心裁的宣告年度主題。

(7)網路行銷：是吸引年輕世代的重要途徑，呈現品牌面貌的管道；目前HERMÈS在歐美已成立電商網站。HERMÈS應用電商與年輕族群溝通，吸引年輕世代，藉由網路體驗HERMÈS的價值。

(8)以創意延長顧客購買產品的動力：保持產品的稀有性；例如HERMÈS售價12,000美元的籃球，只有在美國比佛利山莊的店面買得到。所以內行的顧客一旦看到喜歡的商品，最好立刻買下來。愛馬仕公司網站上只販售一小部分的商品。

(9)保值商品：柏金包（Birkin Bag）[11]是公司策略成功的代表性產品。柏金包的售價從7,500～150,000美元，全部在法國手工

製造；師傅至少要接受三年的訓練，才能接觸到製作柏金包的工作。

◆品牌價值

1. 以稀有性商品、純手工製作商品為特色，創造消費者慾望。
2. 提供純手工製作及客製化商品。
3. 擁有頂級VIP品牌忠誠度。
4. 員工認同感與專業服務素質高。
5. 經典商品，例如愛馬仕絲巾[12]、凱莉包（Kelly Bag）[13]、柏金包等。

HERMÈS的柏金包與凱莉包
資料來源：https://www.dcard.tw/f/
dressup/p/228672210 (2018.06.30)

(八)「旅行哲學」路易‧威登（Louis Vuitton）

Louis Vuitton[14]歷史悠久，是旅行用品最精緻的象徵。LV是「LVMH」（Moet Hennessy Louis Vuitton）集團下的大品牌，目前LVMH共有五十多個品牌，號稱「時尚之王」。

◆品牌創立年代

路易‧威登（Louis Vuitton, 1821-1892）於1854年在巴黎以自己名字命名，開設第一間皮箱店，簡稱LV。

◆設計風格

1. Louis Vuitton品牌一百多年來一直將崇尚精緻、品質、舒適的「旅行哲學」，作為設計的出發基礎。

2. 1896年，路易‧威登的兒子喬治‧威登（Georges Vuitton）以父親姓名中的簡寫「L」及「V」配合花朵圖案，設計出「字母組合帆布」（Monogram Canvas）的經典樣式。印有「LV」標誌、獨特圖案的交織字母帆布包，伴隨著豐富的傳奇色彩與雅典的設計成為時尚之經典。

3. 路易‧威登的孫子嘉斯登（Gaston）的時代，產品已達豪華巔峰，創製出許多款特別用途的箱子；有的備有配上玳瑁與象牙的梳刷及鏡子，有的綴以純銀的水晶香水瓶。Louis Vuitton公司並因應顧客的要求，量身訂造各式各樣的產品。

4. 為慶祝交織字母標誌誕生一百週年，LV的總裁伊夫‧卡斯利（Yves Carcelle）經過三年的考慮，決定邀請七位赫赫有名的前衛設計師設計交織字母標誌的箱包新款式。七位設計師包括阿澤丁‧阿萊亞（Azzedine Alaia）、莫羅‧伯拉尼克（Manolo Blahnik）、羅米歐‧吉利（Romeo Gigli）、赫爾穆特‧朗（Helmut Lang）、伊薩克‧米茲拉希（Isaac Mizrahi）、西比拉（Sybilla）和薇薇安‧威斯伍德（Vivienne Westwood）。這些傑出的設計師們對流行時尚有敏銳的感受能力，憑著對LV經典品牌的理解，各自發揮想像力與創造力，設計出七款[15]令人耳目一新交織字母標誌箱包新品，用於旅遊休閒或高雅的社交、工作場所，共同塑造LV的經典形象。

5. 紐約設計師馬克‧雅各布斯（Marc Jacobs, 1963-）於1997年加入LV集團，擔任美術設計總監，為象徵著巴黎傳統的精品品牌的Louis Vuitton注入一股新的活力。1998年3月為從未生產過服裝的LV，提出「從零開始」的極簡哲學，獲得全球時尚界正面肯定。

6.LV圖騰設計歷史：

(1)創於1888年「Damier」棋盤格紋

- 特色：深咖啡色及泥黃色的格子圖案，由路易・威登的兒子喬治・威登所創，首先將品牌融入帆布圖案。1996年為慶祝Monogram一百週年，重新推出Damier新版本，向LV經典致敬，隔年立刻造成旋風，成為主力商品路線。
- 2000年秋冬以染色小牛毛推出Damier Sauvage。Damier Vernis：以小牛光面及壓紋面交錯而成。

(2)創於1896年之「Monogram」花紋

- 特色：重疊的「L」、「V」字母、四瓣花形、正負鑽石圖案，深受19世紀末東方藝術風潮影響。同樣由喬治・威登所創，推出後便成為主力花色。
- Monogram Vernis：專為女性設計；包括米黃、天藍、銀灰、灰綠及粉紅等五色的亮漆小牛皮材質。
- Monogram Satin：晚宴包與配件。
- Monogram Glace：以深褐色亮漆小牛皮製成，原本專為男性設計。
- Mini Monogram：以單寧布為素材，圖案較小，原先只有藍色，後才推出櫻桃紅及卡其紅等色。

(3)創於1920年之「Epi」水波紋

- 特色：雙麥穗壓紋設計，防水性卓越、不易刮傷，計黑、棕、綠、藍、紅、黃及金等七色。
- Epi Zelda：延續Epi壓紋材質，特別以雙向壓紋處理，展現閃亮光澤的立體造型。
- 1985年，「Epi皮具」系列產品問世。

(4)創於1993年之「Taiga」皮革

- 特色：雙色，墨綠及深棕。
- Taiga：為男性設計。
- 2001年推出霧面平滑款式。

(5)創於2003年「櫻花包」和「櫻桃包」

　　・LV的首席設計師馬克・雅各布斯與日本著名畫家村上隆，
　　　合作推出限量珍藏版的「櫻桃」、「櫻花」系列，以色彩
　　　絢爛為特色。

◆品牌行銷策略

　　產品與服務是奢侈品品牌形象建立最重要的元素；奢侈品品牌一
方面要努力為顧客提供品質優良的產品，另一方面須透過服務藝術為
顧客提供最優秀的服務品質。

　　早期LV反對穿得太時尚，因為很難與方正包形搭配。併入LVMH
集團後，LV認為必須跨入時尚，才能找到立足點；現今LV成為名符其
實的時尚品牌。

1.品牌定位：

(1) Louis Vuitton名字傳遍歐洲成為旅行用品最精緻的象徵。

(2)後來延伸的皮件、皮鞋、絲巾、太陽眼鏡、珠寶、手錶、
　筆、服裝、名酒、化妝品、香水、書籍等，都是以Louis
　Vuitton一百多年來崇尚精緻、品質、舒適的「旅行哲學」，
　作為設計的出發基礎。

(3)LV的優勢在於策略，品牌極具創意的包裝行銷只是結果。LV
　歷經時代的轉變，不僅沒有呈現老態仍不斷地創新。LV不只
　是一時流行的時尚名牌，能成為百年經典，關鍵在於讓消費
　者享用貴族般的品質。

2.行銷方式：

(1)產品創新：

　　・LV不斷湧現新款式、新點子及新材質，不只引領潮流，並
　　　影響消費者以創造新的方式生活；除了不斷翻新材質或設
　　　計，並保留紅極一時的經典元素。例如2003年Louis Vuitton
　　　的首席設計師馬克・雅各布斯與日本著名畫家村上隆，合
　　　作推出限量珍藏版的「櫻桃」、「櫻花」系列包款，以色

彩繽紛著稱。

‧LV以時尚市場建立品牌，行銷策略便是將包款成為主角，所有服裝都襯托LV包，如同日本和服中最搶眼的腰封。

(2)旗艦店的行銷：

‧掌握顧客渴望得到心理尊崇與注目的行銷手法，以旗艦店行銷手法炫耀尊貴品牌，藉由顧客品牌崇拜，滿足消費者的心理慾望；以「感動」鏈結消費者的生活經驗，成為品牌塑造的終極行銷方式。

‧1998年2月，LV全球首家旗艦店在巴黎開業，第二家在倫敦Bond大街開業。同年的8月和9月，第三家和第四家旗艦店分別在日本大阪與美國紐約開業；經營範圍包括LV傳統的箱包系列、LV最新問世的男女成衣系列及男女鞋系列。1999年，LV在香港中環置地廣場開設旗艦店，店內備有LV全線優質皮具，包括旅行箱、旅行袋、皮手袋、小巧皮製品、筆及嶄新的男女時裝及皮鞋系列等，並提供私人皮具訂製服務。新店裝潢設計主題均配合LV已開業的另外四間旗艦店，融合傳統與時尚，襯托出溫暖和諧的氣氛，令顧客在購物時倍感舒適自在。

‧五間旗艦店的店面均由美國著名建築師及室內設計師彼得‧馬里諾（Peter Marino）設計，成功地將Louis Vuitton公司一百多年來的經典風格融會在設計中。

(3)品牌形象：

‧應用統一的專櫃形象、良好的陳列管理、優質的人員服務、精美的店內宣傳海報等，重視細節，提升顧客心理與情感的認同。

‧掌握奢侈品品牌特有的文化內涵，讓消費者從進入店門的那一刻起，到消費者離開時，享受完美的購物過程。

‧LV的行銷著眼在「全球」框架，廣告是全球統一製作、產品是全球統一定價，連銷售員與經銷商必須依據標準化培

　　訓。

- 在巴黎的LV總部，擁有全世界兩百多家直營店的平面圖，每次換季前，各分店都會收到指南手冊，銷售員只需按圖陳列即可。

- 即使顧客看不到的分公司辦公室，也使用相同的信紙、鉛筆，甚至牆壁顏色；「維持品牌核心，故事才不會變調」成為其行銷原則。

(4)名人代言：邀請名人代言，將名人的特徵融入奢侈品品牌中，賦予奢侈品品牌具有與標竿人物同樣的價值，提升奢侈品的附加價值。

(5)特色服務：特色服務是奢侈品品牌與消費者直接溝通交流的方式，透過特色服務建立奢侈品品牌形象、提升品牌認知度及打造品牌價值；建立消費者口碑傳播，是提升品牌傳播效果最有效的方法。

(6)品牌忠誠度：

- 加強與現有客戶的良好關系，提升消費者的忠誠度；應用其重要顧客的特殊地位，建立品牌資產。例如明星顧客、知名人士等；透過名人效應展開宣傳，將名人的特質與品牌形象鏈結，是奢侈品品牌行銷過程的重要策略。

- 透過入門款Logo包吸引年輕客群，再推出限量供應商品等方式，吸引新客群渴望購買頂級奢侈品；目標在培養奢侈品消費生態，建立消費者的品牌忠誠度。

(7)品牌故事

- 賣傳奇、激發消費慾望；LV是銷售故事情境的高手，例如與電影結合，1911年英國豪華郵輪「鐵達尼號」沉沒海底，打撈上岸的LV硬型皮箱，竟然未滲進半滴海水；曾經有位LV的顧客家中失火，衣物大多付之一炬，唯獨Monogram Glace包包，外表被煙火燻黑變形，裡面物品卻完整無缺；電影《羅馬假期》，飾演公主的奧黛莉赫本拿

著一個LV旅行箱出走等情節，成為經典品牌畫面。

- 1889年巴黎萬國博覽會上，印有「路易‧威登品牌驗證」標示，棕色及栗色相間的西洋跳棋棋盤風格的皮箱，為Louis Vuitton公司贏得金獎。

(8)廣告傳播：

- 以簡約典雅的廣告傳播，形塑奢侈品品牌形象及個性為宗旨。廣告製作須與品牌的高定位一致，製作精良、畫面簡約、彰顯尊貴、視覺鮮明、構圖和諧、用詞優美等；廣告內涵需彰顯品牌文化、產品定位；廣告訴求，需突出產品帶給消費者的獨特心理體驗，以感性訴求為主；廣告內容，需倡導新的生活方式與生活理念，傳遞生活動態。

- 避免採用大眾媒體，選擇與奢侈品品牌定位與目標消費者經濟社會地位相符的小眾媒體。例如，以時尚雜誌插頁廣告、飛機、高檔商務汽車、高檔休閒健身場所、顧客口碑傳播等。

(9)公關傳播：舉辦活動與消費者進行溝通交流、樹立品牌形象與地位。例如進行文化公益活動、慈善活動與體育贊助，以及成立品牌俱樂部與舉行大型派對等，以提升品牌的形象及影響力。透過公關活動對其品牌文化進行深度演繹是對中產階層消費者產生深入影響的有效方式；例如定期舉辦帆船賽，以及應用投影將Monogram經典格紋投射在中正紀念堂上的台北旗艦店開幕活動。

(9)網路行銷：

- 建立品牌官網，擴大品牌影響力，推廣企業品牌文化與品牌理念。

- LV網站就如設立時一樣，沒有品牌的影子，為熱愛創意文化的人提供資訊，忠實地站在消費者的角色，例如每天一篇好內容；如此週而復始，便塑造業界具有公信力的翹楚地位，提供想要瞭解創意文化與時尚的網友相關資訊。

‧提供消費者有益的訊息,以內容行銷方式,拉近與消費者
　之間的距離。

(10)品牌精神:

‧將歷史背景與尊貴頂級現代生活的結合,加深消費者心中
　金字塔頂端形象,利用渴望得到尊敬與注目的心理,藉由
　品牌崇拜、炫耀尊貴,以滿足消費者的心理慾望。

‧2007年開始,LV在時裝廣告或商品上強調核心價值,不
　直接強調商品,而是藉由不同的故事方法詮釋品牌精神
　「旅行」。

‧拍攝旅行微電影,2008年推出「Where will life take
　you?」,透過來自各地不同的旅人,在旅途中與大自然
　或城市的互動,來強調LV所注重的旅行與生活結合的品
　牌價值。相繼四年後,再次推出旅行之約(L'Invitation au
　Voyage);除了旅行外,更強調品牌與藝術與工藝的結
　合。

‧近年來,LV陸續推出的廣告及微電影,除了賣商品,更
　賣品牌的靈魂價值。

‧2010年開始,發行LV專屬的《世界城市指南》工具書;
　透過剪紙藝術、字母排列,並結合復古的拍攝手法,介紹
　各個城市之美,展現精品的親民。

‧LV透過影片、繪畫、互動網、甚至是書籍來訴說品牌的
　文化歷史,讓人們可以透過各種方式瞭解其品牌價值。
　LV不再只是櫥窗裡昂貴且不可親近的展示品,而是能與
　大家生活結合的藝術品。

◆品牌價值

1.不斷湧現新款式、新點子及新材質,不只引領潮流,並影響消
　費者以創造新的方式生活。

2.LV皮件不調降價錢,巴黎總店甚至要限制購買件數,以免無貨

可賣。

3. 以「感動」反映消費者的生活經驗，但儘管有感性的訴求，卻仍以品質作為後盾，除了有先進技術輔助，更擁有許多手工打造的工匠品質，並且以絕不減價的策略掌握消費者的心；此外，LV推出的限量款式也造成全球瘋狂收集的熱潮。

4. LV在時裝廣告或商品上強調核心價值，不直接強調商品，而是藉由不同的故事方法詮釋品牌精神「旅行」。

5. 除了旅行外，更強調品牌與藝術與工藝的結合。

6. 除了賣商品，更賣品牌的靈魂價值。

7. 在消費者心中屹立不搖的金字塔頂端形象，在全世界的行銷手法與服務保證，延續品牌賦予的價值。

8. LVMH集團下的LV，從皮件不斷擴大經營規模，創造連結原料、生產、品牌、通路的上下游垂直整合價值鏈，直接管理工廠，才是LVMH屹立不搖的主因。

↑LV的三大經典花色：Monogram花紋、Damier棋盤格紋、Epi水波紋

資料來源：https://www.dcard.tw/f/dressup/p/228672210 (2018.07.07)

↗鐵達尼號沉船，LV皮箱滴水未進而聲名大噪；「Petite Malle」就是以皮箱為靈感設計的斜背小包

資料來源：https://www.dcard.tw/f/dressup/p/228672210 (2018.07.07)

(九)「都會摩登」古馳（GUCCI）

GUCCI是義大利時裝品牌。GUCCI歷史起源很早，約在19世紀末期，創辦人古馳奧・古馳（Guccio Gucci）接觸時尚；與許多品牌相同，GUCCI經歷一段低潮期，在1990年代品牌轉型的風潮中，設計師湯姆・福特（Tom Ford）與總裁多門尼可・德・索萊（Domenico De Sole）通力合作，打造GUCCI為「現代、性感、冷豔」形象，將GUCCI拉回國際主流，達到巔峰。2001年巴黎春天集團（PPR）[16]〔2013年更名為開雲集團（Kering）〕老闆馮帥・皮諾（François Pinault）獲得GUCCI經營權後，認為GUCCI予人「色情時尚」（Porno Chic）的品牌形象，不再符合回歸經典與復古的時尚潮流所需，而重新調整GUCCI品牌定位與行銷策略，將GUCCI品牌再創風華。

◆品牌創立年代

1921年由古馳奧・古馳創立於義大利佛羅倫斯。

◆設計風格

1. 1921年，皮件工匠古馳奧・古馳將英式貴族風，融入皮件的設計，使GUCCI的作品多了精緻美感。並首創將名字為商標印在商品上，成為最早的經典商標設計，使得GUCCI迅速在1950～1960年代間，成為財富與奢華的象徵。

2. 1950年代古馳創作多項經典設計，原為固定馬鞍用的直條紋帆布飾帶「綠紅綠織帶與雙G緹花紋」，被應用在配件裝飾，並註冊為商標。

3. 1962年推出以當時美國第一夫人賈桂琳・甘迺迪為名的「賈姬包」（Jackie Bag），至今GUCCI每季會變化新款的經典產品。

4. 1960年代中期，GUCCI將目標移向海外市場，在香港及東京開設專賣店；同期誕生著名的雙G商標，規模日趨擴大。但是，由於家族股權之爭，管理經營不善，GUCCI已經變成缺乏創意的

義大利老品牌，使得聲勢逐漸下滑。

5.1990年代湯姆‧福特與總裁多門尼可‧德‧索萊接掌期間，以「現代、性感、冷豔」為設計風格。

6.都會摩登氣質的GUCCI服裝系列，以「黑」作為必備的基本色，性感女裝系列常以男裝元素作為設計靈感。

7.以皮件起家的GUCCI應用竹節等傳統元素創作，設計線條、質材簡潔摩登。

8.鞋子部分以「性感危險風格」贏得眾人的矚目。

9.延續與服裝相同的簡約精神，GUCCI在新款手錶的設計相當俐落。摩登的銀色錶鍊，醒目的外型，GUCCI結合綴飾精湛的鐘錶技術為基礎，時尚而精緻。

10.講究現代藝術氣息的GUCCI在家飾品、寵物用品、絲巾與領帶的設計，呈現冷靜、現代的精緻風格。

11.原先絲巾上的圖案以水果、花卉為題，後改以抽象圖樣為主的系列，配合應用不同的交織方法，展現立體感與柔軟質感。

12.GUCCI經典設計元素：

(1)綠紅綠花紋：是GUCCI歷史最早出現的經典設計，是早期GUCCI行李箱的識別花紋；現在應用在反摺的牛仔褲管內裡、縫邊、腰帶、皮件、背帶、皮鞋等設計。

(2)馬銜鍊：GUCCI馬銜鍊是經典細節設計之一。其中以馬銜鍊為裝飾的彩色麂皮鞋最為經典，目前美國大都會博物館收藏一雙。

(3)竹節握柄：GUCCI的竹節包採自大自然材料，應用手工燒烤技術，將竹子燒成彎曲的手柄，製造不易斷裂變形的特色。

(4)GUCCI的Logo：原來是金色，1994年後GUCCI以年輕化品牌形象，改為銀色。著名的「雙G」Logo在許多配件如包包、皮夾、皮鞋上都可識別。

◆品牌行銷策略

1.品牌定位：

(1)湯姆‧福特接手後，將GUCCI設計風格定位在「現代、性感、冷豔」，並帶有一絲慵懶與頹廢氣質。GUCCI性感路線取代原來優雅的市場定位，使GUCCI重返鎂光燈的焦點；許多明星、名流、商界人士以GUCCI服裝為首選。

(2)2004年湯姆‧福特與集團主席兼總裁多門尼可‧德‧索萊於2005年4月30日約滿同時離職。2005年新任設計總監芙莉姐‧吉安妮妮（Frida Giannini），為GUCCI帶來現代女性甜美與開朗明快的羅馬風格，廣告形象從湯姆‧福特時代的性感重返優雅美麗。

(3)芙莉姐‧吉安妮妮並將竹節的多變性發揮得無懈可擊，將以往用在配件中的竹節成為男女裝的設計要素，竹節印花象徵「品牌精神」般地大量出現在洋裝、襯衫、泳裝及絲巾中，甚至結合馬銜鍊，宛如全新的品牌Logo誕生。

(4)GUCCI的產品包括時裝、皮具、皮鞋、手錶、領帶、絲巾、香水、家居用品及寵物用品等。

2.行銷方式：

(1)品牌革命，回歸時尚潮流：由於首席設計師湯姆‧福特與多門尼可‧德‧索萊所塑造的「色情時尚」品牌形象，不再符合回歸經典與復古的時尚潮流所需，在兩人不再具有新意的設計下，GUCCI在2001～2003年的營業額與獲利分別下滑12％與26％，包括財經分析師與其他競爭品牌，都預期GUCCI遲早會垮台；於是馮帥‧皮諾改變GUCCI品牌行銷策略。

(2)延攬異業人才：湯姆‧福特與多門尼可‧德‧索萊離開古馳後，馮帥‧皮諾延攬之前任職於荷蘭食品家用品大廠聯合利華（Unilever）的高級主管勞勃‧波雷（Robert Polet）擔任

GUCCI的執行長。雖然波雷之前完全沒有精品業的經驗，馮帥・皮諾看準其「轉虧為盈」的能力。勞勃・波雷上任後，首先進行行銷研究、加速產品推出與強力廣告放送；開始刺激GUCCI的成長。

(3) 拒用明星設計師，符合市場需求：馮帥・皮諾認為，品牌若要永續經營，便不能讓設計師獨大，因為設計師的設計生命有限；設計師不再能強加自己的品味予顧客。勞勃・波雷拒絕僱用名氣響亮的設計師，反而提拔之前湯姆・福特的三位助理設計師，分別是負責包包、鞋子與手飾的芙莉姐・吉安妮妮（Frida Giannini）、掌管女裝的亞莉珊達・法契內媞（Alessandra Facchinetti）與主導男裝的約翰・雷（John Ray）。三位設計師的設計成品，必須是與產品經理、店長合作的成果。

(4) 取經平價時尚品牌，縮短產品生命週期：為使品牌掌握顧客購買偏好，勞勃・波雷下令各級主管，瞭解紅遍全球、以低價生產仿名牌設計的成衣與配件的西班牙平價時尚「Zara」，其顧客一年逛店十七次，而GUCCI的顧客一年只逛店四次的原因。1999年馬克・李（Mark Lee）上任後，面對占品牌營業額50％的包包，決定不再忠於湯姆・福特的百年設計，力求推陳出新，加快產品的生命週期，不斷引起顧客興趣。在此策略下，負責女包的芙莉姐・吉安妮妮，乃參考GUCCI於1950及1960年代的成功作品，例如以1964年GUCCI為摩納哥皇妃葛蕾絲・凱莉（Grace Kelly）設計的Flora絲巾為靈感，於2005年，推出優雅的絲巾帆布印花包。

(5) 擺脫「色情時尚」形象：湯姆・福特時代GUCCI的平面廣告是「畫面上出現一位裸女，剃光裸露的下體，印上一個G字」。現在的GUCCI廣告，擺脫了時尚色情風，畫面出現的是穿皮衣、牛仔褲、帶絲巾的鄰家女孩，女孩手上提著當季的GUCCI包；廣告中，包包成為主角而非模特兒。

(6)改走溫暖風格店面裝潢：1990年代由湯姆・福特所發想的店面裝潢概念，強調冰冷神祕感，深咖啡色的厚地毯、金屬貨架與全身著黑色的店員，GUCCI予人冰冷感覺的購物環境氛圍。勞勃・波雷全面更新全球GUCCI店面裝潢，採用以玫瑰木為主建材，展現較輕鬆、溫暖的風格。

(7)維持「義大利製」產品特色：GUCCI始終維持百分之百的義大利製生產方式，GUCCI將生產外包給義大利七百家廠商，大多是位在托斯坎尼（Tuscany）附近的家族型企業。

(8)俱樂部錶店精緻銷售通路：為提升GUCCI錶豪華高級形象及通路精緻化，1997年10月從全球挑選三百家高級鐘錶珠寶店，組成「G300俱樂部」，推出高價位、高品質、獨特風格的G300腕錶系列，獨享會員。

◆品牌價值

1.1940年代戰後物資蕭條，GUCCI應用竹子設計女用包包的手提環部分，意外受到歐洲皇族愛戴，「竹節包」暢銷至今。1960年代GUCCI除了皇室，也打入名流社會，賈姬的「賈姬包」、葛蕾絲・凱莉的「印花絲巾包」、伊莉莎白・泰勒的「Hobo

GUCCI應用固定馬鞍用的直條紋帆布飾帶「綠紅綠織帶與雙G緹花紋」在配件裝飾

資料來源：https://www.sundaymore.com/657601/shopping/sneakers/gucci%E6%B3%A2%E9%9E%8B-2018/ (2018.07.07)

Bag」（新月包）為經典產品。

2.GUCCI經典設計元素象徵「品牌精神」。

3.1980年代GUCCI成為上市公司，1990年代知名設計師湯姆・福特以其前衛風格，將品牌帶向「性感時尚」高峰。

4.1990年代末，GUCCI成為法國兩大精品集團LVMH與PPR兵家必爭品牌。

GUCCI竹節包

資料來源：https://www.dcard.tw/f/dressup/p/228672210 (2018.07.07)

（十）「牛仔時尚服裝推手」蓋爾斯（GUESS）

GUESS成立時只是一家牛仔褲製造商，將被定義為工作服的牛仔褲變成流行時裝與不受時間影響的時尚代表；現已發展為當今世界知名的美國時尚品牌。

◆品牌創立年代

來自法國南部的馬奇安諾（Marciano）兄弟（Georges、Armand、Maurice、Paul）創立於1981年的美國加州。

◆設計風格

1.代表冒險精神、性感及純粹的美國風格;好奇、熱情與自由的精神是GUESS的主張;展現前衛、性感、經典、時髦的時尚潮流品味。

2.馬奇安諾兄弟1981年推出「夢露式緊身牛仔褲」（Marilyn Jean）於百貨公司Bloomingdale銷售,在幾個小時內,兩打的牛仔褲立即銷售一空;展現馬奇安諾兄弟對牛仔褲的嶄新設計理念,將被定義為工作服的牛仔褲變成流行時裝。

3.品牌經典設計元素:

(1)倒三角形:倒三角形的布標常見於牛仔褲的後口袋,或應用於手錶錶面設計。

(2)布標:代表品牌象徵的「？」符號,經常應用在服裝設計。

(3)銀飾品:GUESS的銀飾品也非常特殊,表現強烈的個人品味。

◆品牌行銷策略

1.品牌定位:

(1)GUESS以生產牛仔褲起家,設計的基調保有西部的風格,呈現舒適、自然與冒險的粗獷感。受到流行元素的影響,GUESS逐漸展現貼身性感、簡約、都市感的設計。隨著喜愛GUESS的消費年齡層逐漸提升,能夠出入社交場合與表現個人品味的「GUESS Collection」,受到消費者喜愛;因此,GUESS決定以設計師馬奇安諾（Marciano）為名,將「GUESS Collection」獨立,成為更高質感的設計師服飾。

(2)屬於時尚奢侈品牌中定位較為年輕的品牌,例如所推出的心形吊墜裝飾項鍊及手鍊風格獨特、青春耀眼。

(3)目前GUESS產品包括男女時裝、童裝、泳裝、鞋履、鐘錶、配飾、襪子、手袋、眼鏡、香水、行李箱、身體沐浴保養系

列、香水、彩妝系列等；五大洲均有代理與分銷商。

2.行銷方式：

(1)名模代言：GUESS的廣告設計與年輕女裝品牌希思黎
（Sisley）一樣，永遠充滿驚喜。許多名模因拍攝GUESS的
平面廣告受到矚目，例如黑珍珠娜歐蜜米・坎貝兒（Naomi
Campbell）及克勞蒂亞・雪佛（Claudia Schiffer）等。

(2)電子商務網站：GUESS由保羅・馬奇安諾（Paul Marciano）
指導，獲得獎項認可的電子商務網站GUESS、Marciano及
GbyGUESS，深受年輕消費者喜愛。

(3)廣告形象：保羅・馬奇安諾負責督導公司設計方向及形象設
計，以豐富想像力與戲劇性攝影的獨特慧眼，推出大膽、熱
情、創新的廣告設計形象，突顯品牌精神，受到商業人士的
青睞。

(4)副線品牌：2004年夏季，GUESS推出副線品牌「馬奇安諾」
（Marciano），以GUESS的設計概念為本，推出比較精緻、
偏女性、性感的時裝品牌。Marciano除了於指定的GUESS旗
艦店販售產品，並於北美擁有自家的專門店。

◆品牌價值

1.牛仔商品的新發展，打造牛仔褲成為不受時間影響的時尚代
表。

2.以極富於大膽、熱情、創新的廣告設計形象，獲得克里奧設計
暨藝術指導大獎等，奠定其在美國精神文化領域的時尚地位。

3.GUESS於2004年9月在發源地加州，開設專售精品配飾的專門
店。

4.GUESS每一產品的系列反映相同而又獨特的審美元素，致力於
提倡消費者休閒而獨特的生活時尚風格，是GUESS設計理念的
宗旨。

↑GUESS牛仔褲
資料來源：http://www.nz86.com/tag/Guess/
(2018.07.08)

←GUESS應用「倒三角形」與「？」設計手錶
資料來源：http://blog.sina.com.cn/s/blog_
c2061a310101bhrs.html (2018.07.08)

四、結　語

~品牌、品牌、品牌~

　　時尚產業整體發展，受惠於消費者品味的逐漸升級，在平民貴族化的風潮下，消費者不再喜歡低品質的廉價品，因應多元多樣化的消費市場需求趨勢，時尚產業將持續成長。時尚產業猶如全球化的社會表演藝術，業者推陳出新的產品百花齊鳴，打造由貴族名流、影星名模或平民百姓演出的品味舞台，以提升品牌知名度、地位、形象與價值。此外，時尚品牌的每位員工須能解決顧客使用產品的困擾，介紹

產品的特色與價值，懂得與顧客分享商品迷人的故事，浪漫地表達品牌精神。

　　全球知名品牌之行銷策略，除了堅持在產品品質的提升外，掌握品牌故事與時尚潮流趨勢，成為產品推陳出新的行銷利器。知名品牌之產品行銷標的，多圍繞在產品美感、技術整合、消費階級與市場規模等面向，透過產品定位的行銷方式，建立品牌的競爭力與品牌忠誠度；據此，21世紀產品市場競爭力，除了品牌、品牌，仍是品牌。

注 釋

1 美國市場行銷協會（American Marketing Association, AMA）的定義委員會1960年提出對市場的定義：市場是指一種貨物或勞務的潛在的購買者的集合需求。菲利普‧科特勒（Philip Kotler, 1931）將市場定義為；市場是指某種產品的所有實際的和潛在的購買者的集合。美國市場行銷協會定義：行銷是創造、溝通與傳送價值給顧客，以及經營顧客關係以便讓組織與其利益關係人（Stakeholder）受益的一種組織功能與程序。菲利普‧科特勒下的定義強調行銷的價值導向：市場行銷是個人和集體透過創造產品和價值，並與別人進行交換，以獲得其所需所欲之物的一種社會和管理過程。而克里斯琴‧格隆羅斯（Christian Grönroos/ Christian Gronroos）的定義強調行銷的目的：行銷是在一種利益之上下，透過相互交換和承諾，建立、維持、鞏固與消費者及其他參與者的關係，實現各方的目的。維基百科；https://zh.wikipedia.org/zh-tw/市場行銷(2018.07.14)。

2 吳健安、郭國慶（2004）。《市場營銷學》。北京：高等教育出版社。

3 第三次科技革命，是人類文明史上繼蒸汽技術革命和電力技術革命之後科技領域裡的又一次重大飛躍。它以原子能、電子計算機、空間技術和生物工程的發明和應用為主要標誌，涉及信息技術、新能源技術、新材料技術、生物技術、空間技術和海洋技術等諸多領域的一場信息控制技術革命。這次科技革命不僅極大地推動了人類社會經濟、政治、文化領域的變革，而且也影響了人類生活方式和思維方式，使人類社會生活和人的現代化向更高境界發展。參考自「台灣WORD；http://www.twword.com/wiki/第三次科技革命」(2018.07.14)。

4 20世紀著名的行銷學大師，美國密西根大學教授傑羅姆‧麥卡錫（E. Jerome McCarthy）於1960年在其第一版《基礎營銷學》中，第一次提出著名的「4P」行銷組合經典模型，即產品（Product）、價格（Price）、通路（Place）、促銷（Promotion）。

5 參考自「《經理人月刊》編輯部，整理、撰文／陳芳毓，2010-06-01MT」。

6 PTT是全球華人最大的BBS網站，每天收錄四萬多篇文章，相當於不到兩秒鐘就有一篇新文章；熱門的程度不但超越了國內各大網站與論壇，也成為全台灣新聞媒體記者爭相注目與取材的焦點。

7 SEO為搜尋引擎最佳化的縮寫（Search Engine Optimization），是一種透過搜尋引擎的搜尋模式。

8 APP是英文Application的簡稱，是應用的意思，泛指智能手機的第三方應用

程式，類似於平時電腦上的應用軟體。比較著名的APP商店有Apple的iTunes商店、Android的Android Market、諾基亞的Ovi store、Blackberry用戶的BlackBerry App World，以及微軟的應用商城。

9　特許協議（Concession Agreement），又稱經濟開發協議，指一個國家與外國私人投資者，約定在一定期間，在指定地區內，允許其在一定條件下享有專屬於國家的某種權利，投資從事於公用事業建設或自然資源開發等特殊經濟活動，基於一定程序，予以特別許可的法律協議。

10　雅皮（Yappie）是1980年代在美國出現以追求事業成功和生活舒適為特徵的青年群體；以白領和高級技術工人為主。其特徵是有較好的職業和較高的文化素養；有一定的抱負和明確的生活目標，注重個人成就的實現；生活上追求高層次的享序。例如律師、醫生、建築師、電腦程式員、工商管理人員等。

11　1981年，英國女演員珍‧柏金（Jane Birkin）在飛機上巧遇愛馬仕公司執行長尚‧路易‧杜馬斯（Jean Louis Dumas）。杜馬斯看到珍‧柏金的袋子塞滿東西，決定為珍‧柏金製作一款包包；三年後，公司推出的這項產品立刻廣受歡迎。

12　愛馬仕絲巾以其獨特的魅力，藉由每年發布春夏、秋冬兩個系列絲巾，每個系列有十二種不同的設計款式，其中六款是全新圖案設計，其餘六款則是經典圖案的重新配色。參考自「「品牌認知」HERMÈS愛馬仕；https://kknews.cc/fashion/xl9elr.html」(2018.07.15)。

13　凱莉包（Kelly Bag）是愛馬仕公司以已故摩納哥王妃葛莉絲‧凱莉（Grace Kelly）命名的女式手提包。1935年，愛馬仕公司推出名為Sac A Croix的馬鞍袋，自推出日起卻一直默默無聞，不被世人所關注，直到1956年，葛莉絲‧凱莉手提這款包為《生活》雜誌拍攝照片時，這款包開始被關注到。葛莉絲‧凱莉拎著最大尺碼、以鱷魚皮製成的包，半遮已懷孕的身軀，流露嫵媚的女性美。這頁令人難忘的封面照，使凱莉包掀起極大熱潮，這款原為狩獵者設計的馬鞍袋成為愛馬仕皮具系列中的常青樹。參考自「維基百科；https://zh.m.wikipedia.org/zh-tw/凱莉包」(2018.07.15)。

14　參考自「維基百科；https://zh.wikipedia.org/zh-tw/路易‧威登」、「MBA智庫百科；https://wiki.mbalib.com/zh-tw/路易威登公司」。

15　(1)阿澤丁‧阿萊亞設計的女士手包極具魅力，將豹皮花紋和色彩與路易‧威登交織字母（Monogram）的圖案及色彩完美地結合，令人眼前驚喜；(2)莫羅‧伯拉尼克設計橢圓形包，包包內能裝下外出活動所需的物品；(3)羅米歐‧吉利是個旅遊迷，設計既像花托又像箭筒包，包包像錢袋用帶子收緊，不裝東西時，呈圓柱形；撐滿時，則是花托形，男女皆適用；(4)赫爾穆特‧朗的設計趨向於簡約主義；以適當比例，設計可裝唱盤的箱子，在旅遊仍能

享受到高質量的音樂，為旅遊增添樂趣；(5)伊薩克‧米茲拉希設計的透明塑料購物袋，框架是以天然軟牛皮製作，裡面有個雅緻的交織字母小包，是這款包真正的核心；(6)西比拉決定設計富有青春朝氣的箱包，柔軟、高雅、神祕且實用的「雨中購物包」。背包線條簡潔，有兩根軟肩帶，下雨時，包包頂部可撐出一把精巧的雨傘，傘布上印有LV商標；(7)薇薇安‧威斯伍德認為男人總是先注意到女人的背影，而依據腰間至臀部的弧度設計出「屁股包」，以帶子從後向前扣在腰部，也可側背、手提；包包的外部還有兩個口袋，十分方便實用。

[16] 成立於1865年的巴黎春天集團（Pinault Printemps-Redoute，皮諾‧春天‧雷都集團，簡稱PPR）是世界第三大奢侈品及零售業巨頭。2013年更名為開雲集團（Kering），旗下品牌包括：旗下擁有大量著名品牌，比如古馳（GUCCI）、彪馬（PUMA）、亞歷山大‧麥昆（Alexander McQueen）、寶緹嘉（Bottega Veneta）、聖羅蘭（Saint Laurent）、巴黎世家（Balenciaga）、布里奧尼（Brioni）、Christopher Kane、史黛拉‧麥卡尼（Stella McCartney）、塞喬羅希（Sergio Rossi）、寶詩龍（Boucheron）、芝柏錶（Girard-Perregaux）、尚維沙（JeanRichard）、麒麟珠寶（Qeelin）等等，已成為全球第三大奢侈品集團，市值僅次於LVMH與歷峰集團（Compagnie Financière Richemont SA），卡地亞（Cartier）的控股公司。

參考文獻

一、中文

Art Deco裝飾藝術風格；http://202.39.64.154/hbhfang/art-deco%E8%A3%9D%E9%A3%BE%E8%97%9D%E8%A1%93%E9%A2%A8%E6%A0%BC/

Baidu百科；https://baike.baidu.com/item/%E7%BB%B4%E5%A4%9A%E5%88%A9%E4%BA%9A%E9%A3%8E%E6%A0%BC/84118

BARZARD；https://www.harpersbazaar.com.hk/fashion/get-the-look/the-fashion-pioneer-magazine-curated

Dandy時尚的歷史；https://www.gq.com.tw/fashion/fashion-news/content-23962.html

IFAshionTrend_瘋時尚，臺灣時尚產業如何成長？科技行銷協助品牌找到新契機；https://flipermag.com/2016/12/20/fasion-app/

Marco Bruno：電影《大亨小傳》李奧納多掀起20年代紳士復古風；https://marcobruno.com.tw/doc_1008/

Martin Margiela（馬丁・馬吉拉）：低調到絕跡的解構鬼才；http://hqmsart.com/a/yishuliuxue/offer/2016/0726/143.html

Martin Margiela與Jenny Meirens離場後，種子依然遍地開花；https://mings.mpweekly.com/mings-fashion/20170513-48052/2

MBA智庫百科；https://wiki.mbalib.com/zh-tw/產業價值鏈

MBA智庫百科；https://wiki.mbalib.com/zh-tw/路易威登公司

Nina Hsu, 2014，原來是他們！時尚產業的幕後推手；https://womany.net/read/article/4853

PRADA的設計師Miuccia Prada資料；http://tw.knowledge.yahoo.com/question/question?qid=1507092709901

PRADA品牌故事；http://www.wretch.cc/blog/maik76126/20420216

Rue 58；http://extra.rue58.com/detail?id=1003650

SAOWEN (2018-01-02 36kr.com)，2018時尚產業十大趨勢：實驗室種皮革、亞太將主導時尚圈；https://hk.saowen.com/a/db3bb228addd188695792daa624c7cca05d176aba42cecc6dea4f3327ee93621

Visionality；https://visionality.wordpress.com/2009/10/19/愛馬仕三大策略-抓住頂級客戶/

人民網：奢侈品品牌傳播策略探析——以路易・威登（LV）為例（2），王倩（2012）

天下雜誌：LVMH的銷售秘訣：創造市場想像；https://www.cw.com.tw/article/article.action?id=5068389

台灣WORD；http://www.twword.com/wiki/安特衛普六君子

台灣WORD；http://www.twword.com/wiki/尚・巴杜

台灣WORD；http://www.twword.com/wiki/第三次科技革命

史考特穿越英國筆記：紀錄文化、歷史、旅遊、生活觀察與實用資訊（2014.11）；http://scot-travel-note.blogspot.com/2014/11/oxford-bags-1920-dandy-fashion.html#!/2014/11/oxford-bags-1920-dandy-fashion.html

名家經典之二：現代服裝史上最帥的師徒檔——巴蘭夏加和紀梵希；http://blog.sina.com.tw/sunspace/article.php?entryid=657293

百度百科；https://baike.baidu.com

百度百科；https://baike.baidu.com/item/%E7%93%A6%E4%BC%A6%E8%92%82%E8%AF%BA%C2%B7%E5%8A%A0%E6%8B%89%E7%93%A6%E5%B0%BC/3326732?fromtitle=Valentino%20Garavani&fromid=7786786

百度百科；https://baike.baidu.com/item/Helmut%20Lang

百度百科；https://baike.baidu.com/item/川久保玲

米卡（2015）類別：行銷專欄／TAG：內容行銷、內容行銷這樣才能成功-Motive行銷專欄70期、時尚品牌的行銷案例-Motive行銷專欄第42期、米卡、自媒體行銷、自媒體行銷-Motive行銷專欄73期

吳礽喻編譯（2012）。《巴克斯特：俄國芭蕾舞團首席插畫設計師Leon Bakst》。台北：藝術家。

吳健安、郭國慶（2004）。《市場營銷學》。北京：高等教育出版社。

長澤伸也（2004）。《LV時尚王國全球第一名牌的購併與行銷之秘》。台北市：商周出版。

品牌認知：HERMÈS愛馬仕；https://kknews.cc/fashion/xl9elr.html

品牌癮（BRAND in LABS）；https://www.brandinlabs.com/2016/01/25/全球二十大頂級品牌logo的設計故事/

時尚!穿著PRADA的惡魔；http://sincere2030.pixnet.net/blog/post/15850585

時尚品牌之PRADA；http://www.wretch.cc/blog/shunte/27341494

時尚業，工作大贏家2005年11月號；http://hscr.cchs.kh.edu.tw/upload/carrer-39.pdf

商業洞察：LV如何經營內容行銷，讓你相信『時尚她說了算』？；http://www.

motive.com.tw/?p=8687

從LV如何說品牌故事來看時尚產業的品牌建構策略；https://www.brandinlabs.co
m/2013/07/09/%E8%A7%A3%E6%9E%90lv%E5%A6%82%E4%BD%95%E8%
AA%AA%E5%93%81%E7%89%8C%E6%95%85%E4%BA%8B/

陳世晉、林佳琪、賴奕安、王秀菁（2013）。《時尚經營概論》。台北：全
華。

陳芳毓（2010）。〈行銷策略3部曲：區隔（S）、目標（T）、定位（P）〉。
《經理人月刊》6月號。

智庫百科；http://wiki.mbalib.com/wiki/OBM

智庫百科；http://wiki.mbalib.com/zh-tw/ODM

智庫百科；http://wiki.mbalib.com/zh-tw/OEM

無畏無懼的龐克教母——薇薇安.衛斯伍德展覽；http://blog.roodo.com/cynia/
archives/561359.html

痞客幫：LV的競爭力與行銷手法；http://balicha.pixnet.net/blog/post/11872048-lv
的競爭力與行銷手法

華人百科；https://www.itsfun.com.tw/安特衛普六君子/wiki-3147346-1014226

楊永妙（2005）。〈LVMH海外大成長〉。《遠見雜誌》，第225期。

經濟部（2009）。流行時尚產業推動計畫規劃草案。

跟隨十大著名設計師感受巴黎品牌經典永恆；http://big5.china.com.cn/gate/big5/
art.china.cn//products/2013-09/25/content_6330533.htm

維基百科：http://www.twwiki.com/wiki/品牌價值鏈

維基百科：https://zh.wikipedia.org/wiki/%E7%BE%8E%E5%A5%BD%E5%B9%
B4%E4%BB%A3

維基百科：https://zh.wikipedia.org/wiki/%E8%A3%85%E9%A5%B0%E9%A3%8
E%E8%89%BA%E6%9C%AF

維基百科；https://zh.m.wikipedia.org/zh-tw/凱莉包

維基百科；https://zh.wikipedia.org/wiki/%E5%85%8B%E9%87%8C%
E6%96%AF%E6%B1%80%C2%B7%E8%BF%AA%E5%A5%A5_
(%E5%93%81%E7%89%8C)

維基百科；https://zh.wikipedia.org/wiki/%E5%8F%AF%E5%8F%AF%C2%B7%E
9%A6%99%E5%A5%88%E5%B0%94

維基百科；https://zh.wikipedia.org/wiki/%E5%AC%89%E7%9A%AE%E5%A3%
AB

維基百科；https://zh.wikipedia.org/wiki/%E5%B4%94%E5%A7%AC

維基百科；https://zh.wikipedia.org/wiki/%E6%8A%AB%E5%A4%B4%E6%97%8F

維基百科；https://zh.wikipedia.org/wiki/%E6%91%A9%E5%BE%B7%E6%96%87%E5%8C%96

維基百科；https://zh.wikipedia.org/wiki/%E7%9A%AE%E7%88%BE%C2%B7%E5%8D%A1%E7%99%BB

維基百科；https://zh.wikipedia.org/wiki/%E7%BE%8E%E5%A5%BD%E5%B9%B4%E4%BB%A3

維基百科；https://zh.wikipedia.org/wiki/%E8%8A%AD%E6%AF%94%E5%A8%83%E5%A8%83

維基百科；https://zh.wikipedia.org/wiki/川久保玲

維基百科；https://zh.wikipedia.org/wiki/油漬搖滾

維基百科；https://zh.wikipedia.org/zh-tw/市場行銷

維基百科；https://zh.wikipedia.org/zh-tw/哥德次文化

維基百科；https://zh.wikipedia.org/zh-tw/喬治‧亞曼尼

維基百科；https://zh.wikipedia.org/zh-tw/路易‧威登

維基百科；https://zh.wikipedia.org/zh-tw/瑪丹娜

維基百科；https://zh.wikipedia.org/zh-tw/薇薇安‧魏斯伍德

臺灣WORD：Vivienne Westwood；http://www.twword.com/wiki/Vivienne%20 Westwood

輔大織品服裝學系編委（1996）。《圖解服飾辭典》。台北：輔仁大學織品服裝學系。

數位時代；https://www.bnext.com.tw/article/3711/BN-ARTICLE-3711

謝明玲（2015）。〈H&M登台 平價時尚再掀戰火〉。《天下雜誌》，第566期；https://www.cw.com.tw/article/article.action?id=5064334

二、外文

Aaker, D. A. (1991). *Managing Brand Equity: Capitalizing on the Value of a Brand Name*. New York: The Free Press.

Farquhar, P. H. (1989). Managing Brand Equity. *Marketing Research, 1*, pp. 24-33.

Hermert Blumer (1969). *Symbolic Interactionism: Perspective and Method*. New Jersey: Prentice-Hall, Inc.

http://tw.knowledge.yahoo.com/question/question?qid=150711170854

http://www.cafleurebon.com/christian-dior-la-collection-couturier-parfumeurfrancois-demachys-homage-to-dior-couture-part-2/

http://www.dior.com/file/prehome_new/index.html

http://www.shs.edu.tw/works/essay/2010/11/2010111311412941.pdf

https://hk.saowen.com/a/db3bb228addd188695792daa624c7cca05d176aba42cecc6de
a4f3327ee93621

Keller, K. L. (1993). Conceptualizing, Measuring, and Managing Customer- Based Brand Equity." *Journal of Marketing, 57*(January), 1-22.

Kotler, P., & Armstrong, G. (2004). *Principles of Marketing* (10th ed.). NJ: PrenticeHall/ Pearson Education, Inc.

Rangaswamy et al. (1993). Brand equity and the extendibility of brand names. *International Journal of Research in Marketing, 10*(March), 61-75.

Tauber, E. M. (1988). Brand leverage: Strategy for growth in a cost control world. *Journal of Advertising Research, 28*(August/September), 26-30.

vintage-style-blogs -becomegorgeous.com

Zeithaml, Valerie A. (1988). Consumer perceptions of price, quality, and value: A means-end model and synthesis of evidence. *Journal of Marketing, 52*(July), 2-22.

參考文獻

時尚與流行設計系列

時尚品牌行銷概論

編 著 者 / 傅茹璋
出 版 者 / 揚智文化事業股份有限公司
發 行 人 / 葉忠賢
總 編 輯 / 閻富萍
特約執編 / 鄭美珠
地　　址 / 22204 新北市深坑區北深路三段 260 號 8 樓
電　　話 / 02-8662-6826
傳　　真 / 02-2664-7633
網　　址 / http://www.ycrc.com.tw
 E-mail　/ service@ycrc.com.tw
 I S B N　/ 978-986-298-316-4
初版一刷 / 2019 年 1 月
定　　價 / 新台幣 380 元

國家圖書館出版品預行編目（CIP）資料

時尚品牌行銷概論 / 傅茹璋編著. -- 初版. --
新北市：揚智文化, 2019.01
面；　公分. -- (時尚與流行設計系列)

ISBN 978-986-298-316-4(平裝)

1.品牌行銷　2.行銷學

496   108000295